本书系全国教育科学"十三五"规划2019年度教育部重点课题
"高校来华留学生认同中国的心理机制及促进策略研究"（课题批准号：DIA190403）的研究成果

本书由"教育部高校思想政治工作创新发展中心（上海交通大学）专著出版资助计划"支持出版

高校来华留学生
认同中国的心理机制研究

基于双文化认同整合视角

张 巍 著

The Psychological Identification with China of
International Students at College

Perspective from Bicultural Identity Integration

U0361250

上海交通大学出版社
SHANGHAI JIAO TONG UNIVERSITY PRESS

内容提要

来华留学生是我国教育对外开放的展示窗口，也是中国文化的亲历者和潜在传播者。本书基于双文化认同整合理论，以高校来华留学生为研究对象，运用量化研究与质性研究相结合的方法，同时通过深度访谈绘制来华留学生的个体画像和群体画像，以分析来华留学生认同中国的重要影响因素以及心理机制，并提出优化来华留学生认同中国的策略建议，旨在做强"留学中国"品牌，培养更多知华、友华的国际人才，提升中国高等教育的国际影响力。本书适合高等教育相关研究者与管理者参考阅读。

图书在版编目(CIP)数据

高校来华留学生认同中国的心理机制研究：基于双文化认同整合视角/ 张巍著. —上海：上海交通大学出版社, 2023.2
　　ISBN　978 - 7 - 313 - 28114 - 2

Ⅰ.①高… Ⅱ.①张… Ⅲ.①留学生-青年心理学-研究-中国　Ⅳ.①B844.2

中国版本图书馆 CIP 数据核字 (2022) 第 238282 号

高校来华留学生认同中国的心理机制研究：基于双文化认同整合视角
GAOXIAO LAIHUA LIUXUESHENG RENTONG ZHONGGUO DE XINLI JIZHI YANJIU：
JIYU SHUANGWENHUA RENTONG ZHENGHE SHIJIAO

著　　者：张　巍
出版发行：上海交通大学出版社　　　　　　地　　址：上海市番禺路 951 号
邮政编码：200030　　　　　　　　　　　　电　　话：021 - 64071208
印　　制：上海景条印刷有限公司　　　　　经　　销：全国新华书店
开　　本：710 mm×1000 mm　1/16　　　　印　　张：12.5
字　　数：184 千字
版　　次：2023 年 2 月第 1 版　　　　　　印　　次：2023 年 2 月第 1 次印刷
书　　号：ISBN 978 - 7 - 313 - 28114 - 2
定　　价：69.00 元

前　言

　　《三字经》中有句话叫"性相近，习相远"，用英文翻译过来就是："Basic human nature is similar at birth，different habits make us seem remote。"可见古人已经发现是不同的文化背景、习惯和习俗塑造了不同的人。在人类繁衍生息的过程中，逐渐形成了不同的文化和文明。人类在不同文化之间的跨越，带来了不同文化相互交织、相互作用，由此形成了新的文化。可以说，当今世界异彩纷呈的多元文化是人类在全球范围内的流动造就的。

　　追随早期跨文化研究者的步伐，我们可以发现，早期研究者认为文化就是熔炉，外来旅居者经过若干代终究会被东道国主流文化所同化，成为与东道国主流文化群体并无差异的一员。后续研究者逐渐发现，文化不仅会对旅居者产生影响，而且会对主流文化本身和主流文化群体产生影响。研究者们也从关注群体的研究，慢慢转向关注个体的研究，他们发现旅居者不仅仅有同化这一种策略可选择，还有整合、分离、边缘化等多种跨文化适应策略可选。大量研究表明，整合两种文化是大多数旅居者的选择，这也是对跨文化者而言最优的策略选择。"整合"意味着跨文化个体能够较好地协调和平衡主流文化和本民族文化，在两种文化中都能很好地适应。当一个人接触不同的文化时，吸收新的文化并自我作用的过程就可能实现双文化"整合"，表现为拥有两种及以上的文化体系，并根据具体情境启动相应的文化构念，或者在不同的文化情境下，不断切换母国与东道国的文化线索来实现同时拥有两种或者多种文化取向。由此，"双文化认同整合"的概念应运而生。

来华留学生①带着各自不同的文化基因来到中国,接受高等教育,丰富自身的跨文化体验。在这一过程中,来华留学生如果能够在保留对母国文化认同的基础上,持开放包容的心态,主动了解和理解中国文化,增强对中国的认同感,达到两种文化的内在和谐统一,这种状态在学术上就被称为"双文化认同整合"。研究表明,双文化认同整合程度高,会极大地提升留学生的主观幸福感,降低其跨文化焦虑感,丰富留学生的人际网络,帮助其结交更多的东道国朋友。

当前,全球文化多元共生、交融互渗日益普遍,培养具备双文化身份的世界公民,使其具备全球性跨文化理解能力和知识创新能力,对于减少国际文化摩擦,促进人类命运共同体的发展具有深远的意义。来华留学生想要达到较高的双文化认同整合程度,前提是来华留学生了解中国,认同中国,主动融入中国文化。在实际工作中,笔者一直从事来华留学生教育管理工作,能够接触来自不同国家的留学生。这些来华留学生在中国遇到过怎样的困难,是如何克服的;他们对中国的态度如何;他们在实现双文化跨越的过程中做出了怎样的努力;来华留学生认同中国的心理机制是怎样的;如何促进来华留学生增强对中国的认同感。这些一直是笔者所关注和思考的问题,也是笔者撰写这本书的初衷。

西方学者为跨文化的心理研究提供了坚实的理论基础。本书在文献综述阶段,对经典理论和相关观点进行了梳理和回顾,关注不同理论之间的对话,试图清晰地呈现相关理论发展的脉络。本书也借鉴了一些经典理论以及经典的心理学量表,测量来华留学生的某些心理特质,寻找来华留学生作为未来具有全球胜任力的人才并实现双文化认同整合的一些共性规律以及重要影响因素。研究发现,文化距离、跨文化排斥敏感度、文化智力都是来华留学生认同中国的重要影响因素。本书通过有调节的中介作用模型揭示了以上因素对来华留学生双文化认同整合的作用机制。

然而,关于自我以及心理的研究离不开社会、文化、环境等因素,因为

---

① 来华留学生在有些文件中也被称为国际学生。本书所提及的来华留学生如无特别说明,均指高校来华留学生。本书关注的研究对象是高校来华留学生中的学历生,包括在我国高校就读的本科生以及硕士、博士研究生,不包括语言生、进修生以及交换生等。

"自我、人、个人等心理方面的体验也是文化的产物,受制于建立在文化基础之上的分类和解释系统"(陈向明,1998)。跨文化领域的研究大多起源于西方,研究的群体和样本也以在西方的旅居者、移民和留学生为主,这些研究的结果常常更适用于西方的文化情境。如果完全套用西方的研究工具,则很难发现来华留学生在中国情境下的文化认同心理机制。因此本书通过三级抽样的方式选取全国 26 所高校的来华留学生进行抽样调查,试图从面上调研来华留学生认同中国的现状。同时,具体到个体层面,每个人的经历、体验、感受以及心理状态都是完全不同的,来华留学生认同中国的心理机制也受到诸多个体因素的影响。对于这些个体因素,量化模型是无法发现以及测量出来的,因此本书采用点面结合、量化研究和质性研究相结合的方式,通过对来华留学生和留学生辅导员的深度访谈,分别从自我视角以及他人视角绘制来华留学生认同中国的个体画像和群体画像,分析来华留学生认同中国的个性因素和共性因素。研究发现,留学生对中国文化的兴趣、流利的中文水平、丰富的东道国网络关系以及与导师之间良好的导学关系等因素,都是来华留学生认同中国的促进因素;而语言壁垒、同伴压力、留学生与高校管理者逻辑的不一致性、消极的互动体验(如被孤立感等)以及较高的跨文化排斥敏感度都会阻碍双文化认同整合的进程。

对这些影响因素的挖掘和分析,不仅丰富了西方关于双文化认同整合理论在中国情境下的应用,而且帮助我们进一步剖析了来华留学生认同中国的心理因素和影响机制。这将有助于我们通过教育手段,帮助来华留学生加强对中国的认同,提升其双文化认同整合程度。基于此,笔者提出了加强来华留学生认同中国的策略建议:教育主体应进一步加强对来华留学生的中文教育,提升留学生中文沟通能力和理解力;提供更丰富的跨文化教育课程和跨文化活动,夯实留学生认同中国的整合力;推进留学生辅导员队伍建设,筑牢留学生认同中国的嵌入力;善用网络媒体,树立良好的国家形象,提升中国文化的传播力;构建更广泛的群体认同,让中外学生都能从跨文化交流中受益,加强认同中国的感召力。

本书还存在一定的局限性,需要在未来的研究中加以完善。

第一,本书目前主要采取问卷法,未来可结合观察法和实验法等研究方法获取更多数据,进一步探讨来华留学生认同中国的心理机制。

第二,本书目前只进行了截面数据的调研,没有对来华留学生进行跟踪调研,后续研究可以考虑对留学生入校时、来华学习两年以及毕业时三个时间段进行跟踪调研,以获取纵向数据分析来华留学生认同中国的动态过程。

第三,除个体因素外,环境因素、组织因素是如何影响来华留学生认同中国的? 该问题在本书的质性研究中有所涉及,例如运用群体动力学理论分析来华留学生的动机和行为,但是未做更多深入分析和实证研究。组织因素对个体认同感的影响也是后续值得关注的方向。

目　录

第一章

绪 论

第一节 来华留学生认同中国的意义

一、研究问题的缘起

当今世界,"没有哪个国家能够独自应对人类面临的各种挑战,也没有哪个国家能够退回到自我封闭的孤岛"(习近平,2017)。虽然全球新冠肺炎疫情加速了国际经济逆全球化的趋势,也给高等教育国际化带来一些不确定性,但是从历史的维度审视,"教育对外开放是教育现代化的重要特征和主要推动"①。高等教育国际化的主旋律不会改变。国际关系的复杂性使得我们更需要深入思考高等教育国际化的方向,高等教育国际化不是一味"西方化",要形成"更宽领域、更多层次、更全方位、更加主动的教育对外开放局面"。

来华留学生是我国教育对外开放的重要受益者,也是不同国家人文交流互鉴的桥梁。据统计,2018年共有来自196个国家和地区的492 185名各类外国留学生在我国31个省(区、市)的1 004所高校学习,来华留学生规

---

① 教育部等八部门印发意见加快和扩大新时代教育对外开放[EB/OL].(2020-06-23)[2022-11-17].http://www.moe.gov.cn/jyb_xwfb/s5147/202006/t20200623_467784.html.

模持续增长①。2010 年 9 月，教育部颁布的《留学中国计划》明确指出，来华留学生教育的根本目标是培养一大批知华、友华的高素质来华留学毕业生②。2019 年 2 月颁布的《中国教育现代化 2035》也再次强调了留学生教育的重要意义，并明确指出："扎实推进'一带一路'教育行动。加强与联合国教科文组织等国际组织和多边组织的合作。提升中外合作办学质量。优化出国留学服务。实施留学中国计划，建立并完善来华留学教育质量保障机制，全面提升来华留学质量。"③2021 年 6 月，习近平总书记在给留学生们的回信中指出，希望留学生们为促进各国人民民心相通发挥积极作用④。为了更好地发挥这一作用，应积极加强来华留学生对中国的认同感。留学生认同中国是指来华留学生对中国的正向评价以及对中国政治、经济、文化、社会等各方面的整体认同感。

　　来华留学生认同中国并不是摒弃原有文化，而是在充分保留和发扬原有文化的基础上，加强对中国的理解和认同。追溯社会学、心理学对认同理论的发展，我们发现，在保留母国文化的基础上，积极借鉴、吸收东道国文化，具备两种文化的适应能力是跨文化者的最优策略选择。这种跨文化适应策略选择在学术上称为"双文化认同整合"。双文化认同整合理论秉承"尊重差异、和而不同"的理念，能够促进不同文化间的交流互动，让受教育者真正地去认识本土文化的发展以及体会其他民族文化间的共荣，最终达到不同文化间的整合与升华。双文化认同整合程度高的来华留学生，能够吸收两种文化的优势，感知两种文化的和谐之处（而非冲突），能够自如地在两种文化框架间灵活转换（王进、李强、魏晓薇，2019）。而双文化认同整合存在困难的来华留学生，常常会因为文化差异而产生文化认同困惑（杨晓

---

① 2018 年来华留学统计［EB/OL］.（2019 - 04 - 12）［2022 - 11 - 17］.http://www.moe.gov.cn/jyb_xwfb/gzdt_gzdt/s5987/201904/t20190412_377692.html.

② 教育部关于印发《留学中国计划》的通知［EB/OL］.（2010 - 09 - 21）［2022 - 11 - 17］.http://www.moe.gov.cn/srcsite/A20/moe_850/201009/t20100921_108815.html.

③ 中共中央、国务院印发《中国教育现代化 2035》［EB/OL］.（2019 - 02 - 23）［2022 - 11 - 17］.http://www.gov.cn/xinwen/2019—02/23/content_5367987.htm.

④ 习近平给北京大学的留学生们的回信［EB/OL］.（2021 - 06 - 23）［2022 - 11 - 17］http://www.gov.cn/xinwen/2021—06/22/content_5620088.htm.

莉、闫红丽、刘力，2015；杨安琪，2019），这种困惑不仅影响其身心健康，而且使我国教育对外开放的作用发挥面临挑战（李晓艳、周二华、姚妹慧，2012；杨安琪，2019）。双文化认同整合的前提是来华留学生了解中国、理解中国。因此，在高等教育对外开放，做强"留学中国"品牌，培养"知华、友华"留学生的过程中，应积极提高来华留学生的中国认同感，进而提升其双文化认同整合程度。

二、来华留学生认同中国的价值意蕴

留学生的适应性研究和心理研究具有全球共通性。然而，纵观跨文化教育领域的文献，经典理论、经典案例以及实证研究都以西方的研究为主导，以高校来华留学生为研究对象的研究尚显不足。因此，研究来华留学生认同中国的价值意蕴体现在以下几个方面。

1. 有利于树立良好的国家形象，提高文化软实力

来华留学生是我国构建大国外交的一个载体，也是我国教育对外开放的一个窗口。培养一批跨文化适应能力强、对中华文化有深入了解的高素质来华留学人才，有助于深化我国与留学生来源国的外交关系，打造友好的外交格局。来华留学生作为中国与他国增进了解的重要媒介，增强其中国认同感，有助于宣扬积极、正面的中国文化，帮助他国民众打开正确认识中国的一扇大门。通过留学生的传声筒角色，传达中国声音，有助于增强我国的国际话语权；借助留学生的积极传播窗口，能够有效提升我国的国际形象。

来华留学生在中国学习和生活，会让他们更加亲近中国，对中国文化有着近距离的直接感受。由于来华留学生亲身感受到了中国文化的包容性，他们在社交活动中更能以一种易被当地所接受的方式将中国文化传播出去。这种温和、持久的柔性传播方式，有利于被受众所接受，起到良好的宣传效果。来华留学生作为全球知识流动的传播者之一，也是中国文化的感知者，他们能够成为中国与世界交流的一个桥梁，加强中国与世界的联系，进而促进中国文化软实力的提升。

2. 有利于加速中国高等教育国际化进程

高等教育国际化并不仅仅是把不同国家的技术、观点、文化整合在一起的单一过程，而是指基于服务国家战略的使命要求，扎根本土的教育特点，通过人员流动、技术交流、科研合作等多种方式，把全球领先的知识技术和教育理念与我国高等教育的要素相结合的过程。这种结合涵盖大学的主要功能，包括教学、科研、社会服务等方面。高校作为人才培养的主战场和来华留学生的集中地，跨文化教育是普及人文通识教育和学生思辨能力培养不可缺少的方面，也是高校国际化发展的战略组成部分。发展来华留学教育，增强来华留学生的中国认同感，有助于"促进高校内涵式发展、提升高校国际话语权、丰富创新实践视角"（刘义兵、吴桐，2021），也有助于高校形成开放包容、合作创新的文化底蕴。培养来华留学生的中国认同感，也能潜移默化地提升来华留学生对所在学校和专业的认同感，提高其留学满意度。来华留学生丰富了高校在全球的校友资源，能够助力高校提升国际声誉、扩大招生宣传、拓展筹资渠道，加速高等教育国际化的进程。留学生的口碑推荐和教育效果的外显，能不断增强我国高等教育在国际上的竞争力和影响力。

3. 有助于培养具备全球胜任力的国际公民

2018年，教育部颁布的《来华留学生高等教育质量规范（试行）》明确，来华留学生的培养目标之一是培养具备跨文化和全球胜任力的来华留学生。灿烂悠久的中华文明为推动"人类命运共同体"的构建注入了丰富的思想养分，为世界文明进步贡献了巨大的力量。加强来华留学生与中国文化的接触，有助于留学生在加强对中国文化理解和认知的基础上，认识到世界文明的多样化，尊重不同文化的存在，以更加包容、平等和开放的心态来面对世界多元文明，减少文化冲突。增强来华留学生对中国文化的认同，有助于增强留学生的来华适应性，有利于留学生个体增进跨文化理解，健全自我人格，提升其认知和思辨能力，增强其国际责任感。在充分理解和认同中国文化的基础上，留学生实现本国文化与中国文化的双文化认同整合，能够帮助留学生感知母国文化与中国文化内在的和谐统一，能够减少其文化冲突感和疏离感，提升自尊水平和幸福感。研究表明,双文化认同整合程度高的留学生能够拥有更多的东道国朋友,能够更游刃有余地在东道国生活,感知更完整、更丰富的跨文化体验,具备更强的跨文化能力。

4. 有利于我国本土学生实现在地国际化

1992 年,在以"教育对文化发展的贡献"为主题的国际教育大会中,联合国教科文组织提出了"跨文化教育"的概念。《教育大辞典》中对"跨文化教育"的定义是:在多种文化并存的环境中,同时进行多种文化的教育或以一种文化为主同时兼顾其他文化的教育;或在某种特定的文化环境中成长的学生到另一个语言、文化、风俗、信仰和价值观都不相同的环境中去接受教育;或者在跨文化的环境,让学生更好地去适应非本民族语言、文化、风俗、信仰和价值观的教育。在全球经济高度融合的今天,对人才的能力要求已经不仅局限在原有的维度上了,还需要人才具备跨文化意识、全球视野以及跨越冲突寻求合作的能力,这就要求我们国内学生能够接受跨文化教育。

来华留学生带着母国的文化基因来到中国,在高校中与国内学生共同学习生活,这不仅丰富了大学校园的文化多样性,而且中外学生之间的日常交流和有效互动能够帮助国内学生不断接触不同的文化,感知多元文化差异,减少负面认知,提升跨文化理解力。来华留学教育使得国内学生不出国门就能体验到"在地国际化",在这种交流过程中,双方都能体会到世界文明是在绚丽多彩的多民族文化基础上形成的,各方文明互相借鉴和融合,最终实现世界多元文化的共存共荣,推动人类文明的进步和发展。

第二节 研究框架和重要概念解读

一、本书的章节分布

本书的研究对象为来华留学生,主要指来华攻读学位的留学生,不包括短期交流、交换的留学生,也不包括在华学习语言的语言生。本书运用量化研究与质性研究相结合的方式，探讨了高校来华留学生认同中国的理论支撑、心理因素、个体因素以及优化策略。

本书第一章介绍了研究问题的缘起，从国家、高校、来华留学生、国内学生四个方面介绍了本研究的实践价值，从研究对象、研究内涵以及研究角度等方面介绍本书的研究价值。

本书第二章从文化与认同入手，全面梳理双文化个体跨文化适应、双文化认同整合的理论和相关研究，通过一系列的文献回顾和综述，聚焦于留学生群体双文化认同整合的相关研究，最后通过可视化图谱对双文化认同整合理论进行立体式分析，通过时空分析和聚类分析，鸟瞰文献之间的横向关系和纵向关系，通过关键词共现网络分析，全面系统地了解文献发展脉络和知识节点。

为了全面了解来华留学生教育事业的发展，本书第三章全面回顾和系统梳理了我国招收来华留学生的政策演变，包括起步探索阶段、快速增长阶段、提质增效阶段。同时，对近 20 年来华留学生数量、结构、来源、分布等进行了数据分析。为了了解来华留学生认同中国的整体情况，笔者通过三级抽样的方法，在全国选取了 26 所高校开展调查研究，通过问卷调研，掌握了样本的总体情况，包括他们的国籍信息、中文水平、学业情况、是否为华裔等个人信息。问卷调研了他们对中国的总体态度、对中国文化的了解程度以及双文化认同整合情况，分析了不同要素之间的关系。

本书第四章在理论分析的基础上提出一系列假设，通过量化研究的方法，对有调节的中介作用模型进行了验证。该模型证实了在来华留学生群体中，文化智力是双文化认同整合的前因变量，跨文化排斥敏感度和文化距离分别起中介作用和调节作用。这一模型揭示了中国高校中的留学生双文化认同整合的主要影响因素以及影响过程。

在第五章中，笔者通过质性研究的方法对来华留学生以及辅导员进行了访谈，分别对来华留学生认同中国的整体情况以及就跨文化适应中的心理适应、社会文化适应、学术适应三个维度进行了分析。对每位受访者进行个体画像，再通过与辅导员的深度访谈，挖掘来华留学生的群体特征，进行群体画像。质性研究通过深入访谈可以了解不同个体的差异性，弥补量化研究无法通过问卷呈现出来的复杂内在因素。

第六章即本书的结语部分,对全书进行了回顾和总结,同时基于全书的研究结论,提出了推进来华留学生双文化认同整合的多维路径。

二、本书的总体框架

本书的总体研究框架如图1-1所示。

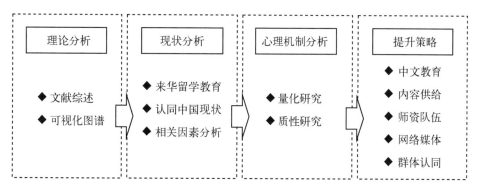

图1-1　本书的研究框架

(1) 理论分析。跨文化适应理论和双文化认同理论为本书提供了坚实的理论基础。本书聚焦于跨文化视域下的认同理论和实践,对文献进行分析、提炼、汇总,结合国外经验,夯实理论基础,拓宽研究思路。

(2) 现状分析。回顾来华留学生的教育历程,分析来华留学生的数量与结构,并在全国范围内抽样调查了解来华留学生认同中国的总体情况及相关影响因素。

(3) 心理机制分析。在现状分析的基础上,本书进一步通过量化研究分析各项因素的作用机制,并通过质性研究,以深度访谈的方式了解留学生认同中国的过程和个体差异;以来华留学生辅导员的"他者镜像"视角,客观勾勒来华留学生认同中国的共性因素。

(4) 提升策略。根据全书的分析与结论,从中文教育、内容供给、师资队伍、网络媒体、群体认同等维度,探讨切实可行的提升来华留学生双文化认同整合的路径。

三、本书的特色

本书从全新的视角运用量化研究和质性研究相结合的方法，研究来华留学生在中国文化情境下的文化取向以及文化整合的过程，其学术价值体现在如下三个方面。

（1）现有的关于双文化认同整合的研究主要是以在外国的旅居者、移民、难民、留学生为研究对象，缺少在中国的双文化个体样本。本书以来华留学生为研究对象，探索在中文世界中以及中国文化情境下双文化个体的文化取向。这对于丰富双文化认同整合理论的内涵，进一步提升该理论的适用性具有一定的学术贡献。

（2）本书采用复合视角研究来华留学生双文化认同整合的机制，丰富了双文化认同整合理论在中国情境下的应用，运用量化研究与质性研究相结合的方式，分析了双文化认同整合形成的规律性问题，也通过质性研究和案例研究结合的方式对个体进行了深入的心理层面的分析，生动地描绘了不同留学生认同中国的阶段与过程，研究中国文化吸引留学生认同的特有核心特征要素及作用机制，对理解双文化认同整合概念及机制的本土化具有一定的理论价值。

（3）本书从社会学与心理学等多学科角度理解留学生在中国高校中的求学行为、跨文化适应性等内容，这对于丰富跨文化教育理论具有一定的价值。

四、重要概念解读

本书在行文过程中出现了一些概念术语，为了帮助读者更好地理解和厘清其中的逻辑关系，笔者在此对相关概念进行解释。

（1）认同中国。认同（identity）在汉语里有三种解释：一是承认、认可；二是赞同、同意；三是认为跟自己有共同之处而感到亲切。认同中国指来华留学生对中国的正向评价以及对中国政治、经济、文化、社会等各方面的整体认同感。来华留学生认同中国并不是摒弃母国文化,完全被中国同化,也不是固守母国文化,无法融入中国,而是在吸收母国文化的基础上,秉持开放包容的心态,积极主动融入中国,实现两种文化的兼收并蓄,成为具有跨文化胜任力的国际人才。认同中国是一种主观认知和客观现实。但是在学术上,国内相关研究的开展还不充分,认同中国还未成为成熟的学术概念,相关的测量工具还未被开发,因此在本研究中,我们借助跨文化研究领域的重要理论——双文化认同整合理论对其进行研究。

（2）双文化认同整合。它是衡量母国文化和东道国文化身份混合与分离程度的概念。双文化认同整合度高的个体倾向于将自己视为母国文化和东道国文化链接的一部分,他们很容易将这两种文化融入他们的日常生活,发展出兼容的双文化身份,这意味着两种文化在他们的内在价值取向中是和谐、统一的。双文化认同整合程度低的个体很难将两种文化融合在一起,在他们内心中,这两种文化是相互排斥、对立或冲突的。由于"认同中国"在心理学上没有成熟量表可以测量,因此笔者对心理学的成熟量表——双文化认同整合量表进行了修订,以此测量来华留学生对母国文化以及中国文化内在的文化身份取向,测量两种文化的整合与分离、和谐与冲突的程度。如果双文化认同整合程度较高,则个体内在达到了对两种文化和谐统一的认同感;反之,则个体还无法完全接受中国文化,无法整合母国文化与中国文化,两种文化在个体心中表现为分离以及冲突的状态。从双文化认同整合的概念以及笔者修订后的双文化认同整合量表可以看出,这里测量的不仅仅是对于两种文化的认同与整合程度,而且包含了对于跨文化身份的认同。由此可以推断,来华留学生双文化认同整合程度高,即对于链接母国与中国的这种跨文化身份的认同程度高,则其认同中国的程度也越高。认同中国是来华留学生实现双文化认同整合的前提,而实现双文化认同整合是来华留学生认同中国的结果。

（3）双文化个体。它是那些接触并内化了两种文化的个体,并且这两种文化系统会在不同情境指导个体的思维、情感和行为,个体要在两种文化之间进行有效的转换,以便做出与所处文化情境相适应的反应和行为。

（4）主流文化。它又称官方文化,是指在一个社会、一个时代受到倡导的,起着主要影响的文化。在本书中,主流文化是与少数族裔、少数民族或跨国者、旅居者、留学生等少数群体原有的文化相对应的概念。

(5) 跨文化者。它是指迈入新的文化环境中,需要适应新的文化环境的个体。一般来说,跨国者或者从本民族文化环境进入东道国主流文化环境的个体都是跨文化者。跨文化者可以选择不同的跨文化适应策略,如果他们能够内化两种文化,并在两种文化系统中有效转化,做出与文化情境相适应的反应时,他们则被称为双文化个体。

(6) 母国文化。它是指个体跨国行动之前所经历和与其发生相互关系的文化总和。这里的母国可以是原来的国家,原来的城市、社会、环境等。

(7) 东道国文化。它是指个体跨国行动之后所面对的国家的主流文化。如对于来华留学生而言,就是指中国文化或者中国某个地区当地的主流文化。

(8) 文化智力。它是指个体面对新文化时,会通过对所搜集的信息做出判断,并据此采取措施来适应新的文化环境的能力。文化智力高的跨文化者,通常能够更好地适应新的文化,在新文化环境中的工作业绩及其他表现也更突出。研究表明,文化智力是可以通过后天努力而提高的一种能力。跨文化体验以及有针对性的培训都是提高文化智力的手段。

(9) 跨文化排斥敏感度。它是指个体来到新的文化中,由于文化差异而引起的出于对被拒绝经历的焦虑以及对被拒绝的预期。跨文化排斥敏感度越高的个体,意味着其对于被拒绝的焦虑感越强,融入新文化就越困难。

(10) 文化距离。它是指两个国家社会文化体系之间差异的程度,包括气候环境、饮食、语言、价值观等方面。这里所说的文化距离是指个体主观感知到的文化差异的大小。来自同一个国家或地区的跨文化者,由于自身成长环境和价值体系的不同,主观感知的文化距离差异可能会较大。因此,文化距离有时候也被称为感知文化距离。

(11) 社会支持体系。它是指能够给跨文化者(包括旅居者、留学生等个体)提供从物质到精神支持的社会关系网络。对于留学生而言,最常见的社会支持体系包括家人、朋友、同学以及老师等。

第二章
理论分析：文献地图的聚焦和鸟瞰

对国内外的相关文献进行回顾和总结，有利于更好地定位自己的研究处于当前知识体系的何种位置，有利于我们汲取其他学者已有的研究成果，从而提高研究的有效性。来华留学生具有两大特征：其一，他们迈出国门，来到中国，开始感知全新的文化，因此他们是跨文化者；其二，他们是学生，接受高等教育，肩负学习的使命，因此还涉及教育的部分。基于此，在文献综述的过程中，笔者将从什么是文化开始，逐步聚焦跨文化背景下的双文化个体的文化适应，进而过渡到双文化认同整合理论。在这个过程中，笔者着重考察双文化认同整合与留学生群体的相关研究，以增强后续研究的理论丰富性。为了更有效地俯瞰文献地图，本书在文献综述中还将采用文献可视化图谱分析的方法，了解文献发展的历史和脉络。

第一节 文化与认同

一、文化的定义

汉语中对文化的定义涵盖人类特有的生活方式和行为习惯。换言之，人类社会的一切活动在本质上都是具有文化属性的。广义的文化定义是指人类在社会活动中认识自然、改造自然，并利用自然进而实现自身价值观念的过程中的一切物质和精神的积累，涵盖人类思维和生活的方方面面。而狭义的文化定义专指人类活动中，在精神方面进行的创造过程和产生的相应成果，如道德、风俗和礼仪等内容。

英文中的文化（culture）原义指耕作、培育、栽培，之后逐渐演变为人的素质和能力的培养与教化。在《牛津简明词典》中，文化的定义是"艺术或其他人类共同的智慧结晶"。这一定义主要是从智力产物的角度阐释文化内涵，即深度文化，如文学、艺术、政治等。而《美国传统词典》中文化的定义则是：人类文化是通过社会传导的行为方式、艺术、信仰、风俗以及人类工作和思想的所有其他产物的整体。这一定义既包括深层次文化，又包括浅层次文化，如风俗、传统、行为、习惯等。由此可见，在中英两种语言体系中，可以找到二者关于"文化"的共通的东西，即都有着品德锻造与能力培养的共同内涵。

人类学之父泰勒在《原始文化》中对文化的定义是：文化是一个复杂的综合体，包括知识、艺术、宗教、神话、法律、风俗，以及人类在社会活动中所获得的一切能力与习惯（Tylor，2010）。美国学者克罗博在《文化：关于概念和定义的评述》中总结出了164条关于文化的定义，并对此进行了批判性和解释性的讨论，在此基础上提出文化的定义：文化是由外显和内隐的行为模式构成；这种行为模式通过象征符号获得和传播；文化代表了人类群体的显著成就，包括它们在人造器物中的体现；文化的核心部分是传统观念，尤其是它们带来的价值观念；文化体系一方面可以看作活动的产物，另一方面又是进一步活动的决定性因素。该定义几乎涵盖人类生活的各个方面（Kroeber and Kluckhohn，1952）。

我国学者普遍认为苏联1980年出版的《苏联百科全书》中对文化的定义是迄今为止最为准确和完整的定义之一，也是与辩证唯物主义和历史唯物主义观点最吻合的，它较之西方经典的把文化概念限定在精神文化之内的定义前进了一大步，因此也是我们较易接受的。即文化是用以表征一定的历史时代（如古希腊罗马文化），也用以说明具体的社会、部族和民族，以及人们活动或生活的独特范围（劳动技能、生活方式、艺术文化）的特征。比较狭义的理解是，文化就是人们的精神生活。文化还包括人们活动所创造的具体成果（机器、建筑物、认知成果、艺术品、道德规范和法律准则），以及人们在活动中体现的创造力和才智的成果。

在全球化发展趋势下，各个国家之间的联系变得愈发紧密，人口流动也愈加频繁，不同群体间的接触和交流也随之不断增多。文化渗透在人类生活的方方面面，被视为不同民族的精神家园。不同的文化浸润、养育着不同的人群。伴随着全球化的发展，文化的发展也呈现多元化的特征。文化本身并非是习俗和信仰的偶然集合，它更多的是一种整合在一起的、模式化的系统。在学术界，有关多元文化的研究由文化差异方面的研究逐渐转移到关注文化与心理二者之间的交互作用的研究。例如，学者 Hong 和 Mallorie (2004)提出了多元文化研究的动态建构主义取向，其关注更多的是文化与领域以及文化与情境的交互作用。在这一动态建构主义理论中，处在不同文化情境下的个体在接触第二种或其他更多的文化时，并不需要完全摒弃自己本身所拥有的母体文化才能够很好地融合另一种或者多种文化，个体完全可以同时吸收两种或者两种以上文化。基于此，双文化个体可以根据不同的文化情境做出与之相适应的文化认知行为。因此，动态建构主义取向开启了对多元文化心理的探讨，由此关于双文化个体的研究及双文化认同整合理论开始迅速发展起来。

二、认同的概念

认同（identity）在汉语里有三种解释：一是承认、认可；二是赞同、同意；三是认为跟自己有共同之处而感到亲切。在心理学和社会学领域，认同是自我概念和自我意识的重要来源。认同理论是研究"我是谁"以及"我该怎么做"的问题，因此认同可以被定义为："个体认识到他（或她）属于特定的社会群体，同时也认识到作为群体成员带给他的情感和价值意义。"（Tajfel and Turner, 1979）认同理论分别着眼于"我"和"我们"两个主体，逐渐发展为两个层次。"我"主要关注的是自我层面，强调个体的自我主观意识，也就是角色认同理论(role identity theory)；"我们"关注群体层面,关注个体对特定民族、国家以及群体的归属感和心理承诺,形成了社会认同理论(social identity theory)。

角色认同理论起源于心理学研究领域。角色认同是各种自我知觉、自我参照认知或自我界定的统合。角色定位影响着人们的决策和社会行为。因此"角色就是个体在一定社会背景下所表现出来的行为特征"(Hogg and White,1995)。学术界对角色认同与个体行为之间的关系进行了大量研究,结果表明:一方面,人们对自我的角色认同会不断深化和调整(周晓虹,2008);另一方面,随着角色认同的深化和调整,为了符合社会对该角色的期待,人们会不断调整自己的行为。

人们生活在群体中,既具备特定的角色,同时也是某些群体的成员。因此,社会认同理论用于解释人们与群体之间的关系和社会群体生活中的自我概念(Hogg and White,1995)。社会认同理论是由 Tajfel 和 Turner (1979)在群际行为和群体关系的研究中创立并发展起来的。社会认同的界定是与个体对从属于某一特定社会群体的认知以及对这一群体认同所带来的情感和价值意义相关联的。当人们想成为某一群体成员时,前提条件是理解并构建相应的社会认同,以表现出与群体内成员相一致的行为(Hogg and White,1995)。社会认同理论是研究文化认同的重要基础。社会认同理论有三个核心内容:第一,动机的作用,如个体有获取积极社会认同的需要;第二,社会中不同群体的地位差异;第三,作为独立的个体或某个群体中的成员,个人如何解决认同问题(Turner and Reynolds,2001)。人天生有归属的需要,倾向于把自己划分到某个群体中,以与他人区别开来,这种归属和划分能够帮助人建立归属感,获得自尊,提高认知安全感和满足个性发展需要。社会认同理论还认为,生活在价值观、规范等差异较大的文化背景中,个体文化认同的构建和发展就会面临一些问题(董莉、李庆安、林崇德,2014)。因此,对于来华留学生来说,他们需要在全新的中国文化情境下做出选择,以便更好地适应社会。

角色认同理论和社会认同理论分别从个人层面和群体层面探讨人们的自我概念和社会关系。社会认同离不开角色的定义,人们根据自己的角色认同来定义自己所属的群体，并根据社会认同来调整自己的行为，从而产生社会互动。因此，研究认同理论有助于我们帮助留学生正确认同自我角色，认同自己所处的群体，从而积极调整自己的行为。这样一方面有利于留学生缓解文化冲突，减少适应性压力，更好地适应中国；另一方面也有利于高校培养出更多知华、友华的留学生。

国外关于跨文化视角下的认同研究，多从角色认同和社会认同的视角进行研究，但这些研究大多基于西方移民或留学生的数据，涉及来华留学生的研究较少。国内对留学生认同的研究以文化认同和跨文化适应为主要研究视角（孙进，2010；许力生、孙淑女，2013；魏浩、赖德胜，2017；丁笑炯，2018）；少量研究从制度环境、人文环境、社会环境的视角展开，语言学习尤其是汉语学习对留学生文化认同的作用也得到相应的关注（马佳妮，2017；哈巍、陈东阳，2018）。大部分的研究以理论研究为主，实证研究主要集中在对认同感的调查研究，如社会认同感、文化认同感等（朱佳妮、姚君喜，2019）。但现有研究大多使用国外文献中的影响因素，或基于小样本的调研，探索性研究及大样本的调研实证研究有待深化。

第二节　双文化个体及跨文化适应

文化适应理论是跨文化领域最具代表性、影响最深远的理论之一。文化适应也包括群体和个体两个层面。群体层面的文化适应主要有社会结构、经济基础、政治组织以及文化习俗等内容的改变。个体层面的文化适应是指个体通过价值观、态度等心理和行为的变化，从而对新环境最终适应的过程（Berry，2005）。心理学家在近几十年的研究工作中更加关注个体层面的文化适应，强调文化适应对各种心理过程的影响。就留学生，尤其是那些在华的外国人而言，由于他们的人数比较少，语言交流方面又存在问题，对他们的文化适应情况进行研究意义重大（余伟、郑钢，2005）。双文化认同整合理论是在文化适应理论的基础上发展而来的，为了更好地梳理理论发展脉络，我们有必要先了解双文化个体的概念。

一、双文化个体的概念

对双文化个体的研究起源于早期基于文化适应（acculturation）的分类研究。严格地讲，双文化个体（bicultural individuals）目前还没有一个明晰的定义。在目前比较流行的一种较为宽松的定义中，诸如移民、迁移到其他国家的难民、旅居者、当地原住民、少数民族群体、混血人群等都是双文化个体（Berry，2003），即双文化个体指自我标榜为具有文化双重性的人或者把自己同时归类为不同文化群体的成员（Miramontez，Benet-Martnez and Nguyen，2008）。与之相对的较为严格的定义认为，双文化个体是那些接触并内化了两种文化的个体，并且这两种文化系统会在不同情境指导个体的思维、情感和行为（Hong et al.，2000；Benet-Martínez et al.，2002）。

综合考量以上两种定义，笔者认为，留学生来到留学国家，不可避免地需要接触东道国的文化，因此属于跨文化者。如果他们能够有效整合两种文化规范，能够在两种文化之间进行有效转换，并且这种有效的转换能够很好地指导留学生在不同文化情境中做出与所处文化情境相适应的反应和行为，即更好地使自己融入不同的文化当中，则可以认为其属于双文化个体。

综上发现，双文化个体与双语个体比较容易混淆。双语个体一般是指能熟练运用两种语言交流的个体。即便如此，有些双语个体并未内化第二语言的文化，即实际上是单文化双语个体（monocultural bilinguals）。通俗地讲，即那些在班级环境中学习第二语言，但并没有内化第二语言的文化环境的个体。他们与双文化个体的区别在于：① 与双文化个体相比，单文化双语个体的第二文化知识与其自我认同没有关联，他们没有内化母体文化之外的文化，其他文化的知识不会影响其自我概念。② 双文化个体和单文化双语个体对两种文化的认知程度不同。双文化个体有较丰富的、复杂的文化知觉，对每一种文化都有一套完整的知识结构；单文化双语个体仅仅对于母体文化有较好的知识结构，对其他文化只有间接的零碎知识。逻辑上可以归纳为：双文化个体一般是双语者，但双语个体并非都是双文化者。

从国内的情况来看，长时间地学习汉族语言和汉文化的少数民族同胞也可以被视为双文化个体（杨晓莉、刘力、张笑笑，2010；周爱保、侯玲，2016）。

对于留学生来说，他们在留学期间需要面对全新的文化，需要在中国文化情境下做出与之相适应的反应和行为，需要整合母国文化与中国文化这两种文化规范，在两种文化中有效转换。因此，从广义上来说，所有留学生都可以视为跨文化者，而他们中能够有效内化两种文化的留学生则属于双文化个体。

二、跨文化适应理论的梳理

人类社会从闭塞的部落制社会走向今天开放的全球化社会的进程中，不同种族、民族之间的交往和互通日益密切。由移民、难民、留学生、跨国工作人员等组成的跨文化群体日益壮大。在国家内部，不同民族的人由于工业化和产业化升级所带来的迁徙和跨文化交流也日益频繁，这既给不同文化带来新的要素，使得不同文化之间互相交融、相互影响进而实现重塑，也给双文化个体带来诸多挑战。一般来说，对主流文化群体中的个体的影响较小，而对新到此文化环境中的个体影响则较大，挑战也更多。对于移民或者旅居者而言，他们不仅要面临全新的文化环境，学习新文化环境中的行为和文化规范，并进行社会适应，还要对不同文化进行甄别从而在心理上形成归属感（Berry，2005）。对于文化中的人而言，文化的意义体现于在路径清晰的已知世界和未知的外部世界之间竖起了一道保护性屏障（单波、王金礼，2005）。所以，超越文化边界而进行的跨文化传播常常会导致文化不适应的状况发生，给个体带来压力，可能"引起个体的抑郁和焦虑、文化身份冲突和矛盾、文化信仰缺失和迷茫、价值判断的失据、行为的失范等，继而在个人、群体和社会文化层面产生一系列问题"（李加莉，2013）。这些问题会直接影响个体的生活、学习乃至心理，因此个体层面的跨文化适应引起了学者的极大关注。关于跨文化适应的研究层出不穷，蓬勃发展，呈现出异彩纷呈的研究成果。这些研究成果极大地推动了人类学、社会学、心理学和传播学等学科的发展。但是这些研究又呈现出了纷繁复杂、众说纷纭的态势。各种理论都有其适应性以及局限性，各种量表在不同文化背景下也呈现出了截然不同的统计学结果。因此，对这些理论进行系统的梳理、理性的审视和学术上的反思，对下一步的研究具有重要的意义，也对双文化个体更好地在不同文化中寻找平衡，获得更好的心理状态，发挥个体的潜力具有现实意义。

文化适应在人类学中通常被翻译成为"涵化"。关于文化适应的概念最早可以追溯到柏拉图时期。本书关注的重点是来华留学生心理层面的适应过程，因此我们在对心理学领域的文化适应进行梳理时发现，参照部分学者（Flannery，Reise and Yu，2001；余伟、郑钢，2005；董莉、李庆安、林崇德，2014）的观点，错综复杂的文化适应理论可以按照时间顺序归纳出单一维度模型、双维度模型以及多维度模型等理论阶段，这样更便于读者对纷繁的文献有清晰的把握。

（一）一维同化模型

最早期的文化适应理论是一维的。该理论认为主流文化是一个"熔炉"，个体从原有文化来到主流文化中，一定会被主流文化所同化，这是一个不可逆的过程。当主流文化对个体的同化越多时，原有文化对个体的影响力就越小。通往文化同化的过程是进步性的和无法逆转的。这个过程可以看成是弱势文化向强势文化不断靠拢并最终被同化的过程，弱势群体不断吸收强势群体的文化，慢慢丧失原有文化的特征，最终融入文化的"熔炉"中。

比较有影响力的单一维度模型的代表人物是美国学者 Gordon(1964)。他在《美国生活中的同化：种族的作用》一书中提出，文化适应就是移民被东道国主流文化同化的过程，并且这一过程是直线式的发展过程。他把文化同化分为七个阶段：一是文化适应，包括对主流文化中的语言、服饰、习俗等文化特征的适应；二是通过与主流文化中的个体或者组织建立联系所形成的结构性同化；三是通过通婚达到的联姻性同化；四是产生归属感，对主流文化开始认同所产生的身份认同；五是态度接受性同化，表现为移民对东道国社会和主流文化群体不再抱有偏见；六是行为接受性同化，其特点是行为上不再有偏见和歧视；七是公民性同化，这时移民不再在价值观和权力上与东道国主流社会群体抗争，而真正成为主流社会的一分子。Gordon指出，文化适应者只有经历了"结构性同化"才更有可能促使其他形式的文化同化的发生，这一过程可能要历经几代人。显然，Gordon的文化适应同化论忽略了文化适应者和东道国之间的互动影响，是一种单一维度的学术思想。

根据一维同化模型，移民沿线性连续体移动，这个连续体的中点是双文化主义，其中移民既保留了本民族文化的某些特征，又吸收了东道国文化的元素。该模型假设双文化主义是一个过渡阶段，移民最终将被同化（LaFromboise，Coleman and Gerton，1993）。该模型还假设移民需要适应东道国社会以改善他们的身心健康状况（Rudmin，2010）。对该模型的主要批评意见是它假设两种文化身份相互排斥，而有证据表明，许多少数民族人口可以同时保留两种身份，或者不认同任何一种身份（Nguyen and Von Eye，2002；Kang，2006）。该模型也因排除了东道国社会所经历的变化而受到批评（Sayegh and Lasry，1993）。

（二）双维度模型

单一维度模型发展一段时间后，一部分学者开始从互相接触的两种文化之间平等的角度审视文化适应的问题。这一阶段对文化适应的研究不断深入，众说纷纭。在学术领域认可度比较高的是1936年人类学家Redfield等在《文化适应研究备忘录》中提出的文化适应的观点。他们认为"文化适应即指当不同文化群体的人们进行持续不断的直接接触时，一方或双方的原文化模式所产生的变化的现象"（Redfield and Herskovits，1936）。从这个定义可以看出，文化适应的过程包含了对双方，即主流文化和外来文化两方面的影响。因此可以说，文化适应和文化认同是相互交织、互相作用的过程和结果。文化适应被视为更广泛的文化变化概念的一部分（由跨文化接触引起的），并被认为会在"任何一个群体或两个群体"中产生变化；也就是说，文化适应不仅发生在非主导群体中，也发生在主流文化或者主导群体中。文化适应绝不等同于同化，文化适应过程中，有许多可供选择的过程和目标(Berry,2005)。

基于此，John Berry 提出了"跨文化适应模型"(cross-cultural model of acculturation)。这是一个双维的、适用于多元文化社会的文化适应模型。文化适应的群体需要面临两个基本问题。具体而言，个体(例如，移民和少数族裔)需要在进行文化适应时处理两个核心问题：① 他们愿意在何种程度上保持对原文化或民族文化的认同和参与；② 他们愿意在何种程度上认同和参与主流文化(Berry,1990)。关于这两个问题的态度可以沿着这两个维度变化，用双极箭头表示。对于这些问题的正面、负面取向相交可以产生四种文化适应策略(见图 2-1)。

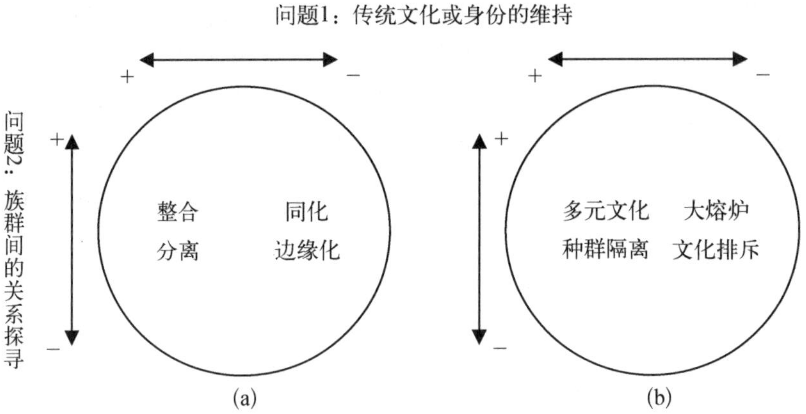

问题1：传统文化或身份的维持

问题2：族群间的关系探寻

(a) 整合　同化　分离　边缘化

(b) 多元文化　大熔炉　种群隔离　文化排斥

(a) 特定文化族群的策略；(b) 主流社会的策略。

图 2-1　二维、三维文化适应模型

(1) 同化(assimilation)，指个体放弃本民族文化，完全融入主流文化。

(2) 分离(separation)，指个体拒绝主流文化，把自己完全封闭在独特的本民族文化之中。

(3) 整合(integration)，即个体能够较好地协调、平衡主流文化和本民族文化，在两种文化中都能很好地适应。

(4) 边缘化(marginalization)，指个体既不能认同主流文化也不能完全认同本民族文化，处于两种文化的边缘地带。

这四种适应策略在图 2-1(a)中体现为：在这两个维度上更倾向于哪方面。

Berry(1990)又通过一个虚拟的案例让我们更"生活化"地理解这四种模式。一家四口从意大利移民到加拿大，爸爸出于职业需要，积极学习英语，主动参加加拿大当地的政治和经济活动，还担任加拿大社区的意大利居民联合会会长，生活中有很多意大利籍的朋友。这就是所谓融合。妈妈移民后没有工作，因为只会意大利语，不会英语和法语，因此交往的朋友局限在意大利籍的群体中，虽然生活在加拿大，但是她更像生活在一个意大利语的世界中。这就是所谓分离。儿子在这个新的国家里，感觉保留意大利的文化习俗没有什么用。但是他的英语带有意大利的口音，在学校也没有得到当地同学的接纳，对加拿大的曲棍球等体育活动和文化生活都不感兴趣，这就是典型的边缘化模式。女儿的英语流利，在学校很受欢迎，积极参加学校的活动，喜欢加拿大的同龄人，但是对于家庭中保留的意大利习俗以及妈妈只提供意大利饮食感到不满。她更喜欢与加拿大的同龄人在一起。这是典型的同化。通过这个例子不难看出，在 Berry 的跨文化适应模型中，跨文化者可以在对东道国文化的接受或拒绝以及对自己原有文化身份的保持或舍弃的可能性之间做出选择(孙进，2010)。

（三）三维度模型

与一维模型相比，二维模型承认多元文化社会。大多数研究人员一致认为，文化适应的二维模型提供了更大的灵活性和更多可能的结果，是描述文化适应策略和文化认同差异的有效模型（Rodriguez, Schwartz and Krauss Whitbourne，2010）。然而，与一维模型类似，早期的二维文化适应模型因没有突出移民和东道国文化的互动性质而受到批评（Bourhis et al.，1997）。

最初的人类学家 Redfield 等学者对文化适应的定义清楚地表明，接触的两个群体都将自觉或者不自觉地参与文化适应和改变的过程。因此，Berry(1990)增加了第三个维度，即主导群体在影响文化适应方式方面发挥的强大作用。如图 2-1(b)所示，当占主导地位的文化适应群体寻求"同化"时，它被称为"熔炉"。当统治群体强迫其"分离"时，它被称为"种族隔离"。当主流文化群体采用"边缘化"策略面对需要文化适应的群体时，被称为"排斥"策略；最后，当多样性成为包括所有民族文化群体在内的整个社会的公认特征时，融合被称为"多元文化主义"。

Berry后续持续根据这一思路对文化适应理论进行深化，开发了相应的测量量表。许多学者对Berry的双维度模型进行了验证，越来越多的实证研究支持了Berry的观点。由此，无论是社会舆论还是国家政策都越来越强调每个民族、不同群体都是平等的，强调了社会文化的平等性。

（四）多维度模型

在三维度模型之后，也有很多学者试图寻求不同的维度来发展跨文化适应理论。例如，增加文化意识和种族忠诚度、行为变化、社会认知变化、个人特征、个体差异等不同维度的概念来强调文化适应体验的多维性（Rahman，2017）。还有很多学者在前人研究的基础上，增加了不同的维度，发展出了多维度模型或者融合模型，丰富了跨文化适应理论的内容。Arends-Tóth和Van de Vijver（2004）在总结其他研究者的研究结果的基础上，提出了一个新模型——融合模型。他们认为文化适应中的个体实际上面对的是一种新的"整合的文化"，而不是单一的主流文化，或者原有文化。这种整合的文化可能包含了两种文化里所共有的精华部分，也可能包含着某一文化所特有的但并不突出的内容。

Ward等学者（2018）结合身份发展模型和Berry的文化适应二维模型，引入了两种双文化身份风格作为新的文化身份的策略：混合和交替。混合身份风格反映了个体文化身份融合和相互关联的程度；而交替身份风格反映了个人根据特定的社会环境在不同文化身份之间来回切换的程度。换句话说，混合身份风格是指在融合的过程中，选择两种文化中可取的元素，将它们融合在一起，形成适合个人新身份的过程。交替身份风格是指根据不同的需求、期望或特定的规范，从一种文化中选择可取的元素进行适当的反馈以及行事的过程。尽管相互关联，但混合和交替的身份风格与融合是不同的。融合的动机是这些文化身份的前因（Ward et al.，2018）。具体来说，双文化个体实现融合的愿望激活了这些身份，然后决定两种文化在个人的自我概念中是统一还是分离。

Comănaru 等人(2018)开发了一个双文化身份取向模型(BIOs)，包括五个维度：混合性、单一文化主义、交替性、互补性和冲突。与先前模型描述的几个维度相似，混合性表明两种文化身份的混合，单一文化主义表明只认同一种文化，交替性是指两种文化身份的情景转换，互补性是指两种文化身份之间的相容性，冲突表明两种文化身份之间不兼容。

这些模型在理论上确实有创新之处，无论是对文化适应的研究，还是对跨文化心理学的其他研究都有重要意义。

第三节 双文化认同整合理论

一、双文化认同整合的概念

在跨文化适应的各种策略中，最广为接受和使用的策略是通过传统文化和主流文化的融合实现双文化整合。双文化整合允许个人吸纳两种文化，并可能比完全同化的个体获得更健康的心理适应(LaFromboise，Coleman and Gerton，1993)。双文化主义被定义为"受不同社会环境影响的动态和流动的存在"。从经验上讲，融合(也称为双文化主义)被认为是随着一个人频繁接触两种或多种文化而发展起来的。因为文化以社会建构为基础，所以它是可变的，可以"借用、融合、重新发现和重新解释"(Nagel，1994)。当一个人接触不同的文化时，这些与不同文化的接触并自我作用的过程就可能实现双文化整合，表现为拥有两种及以上的文化领域，即文化体系，并根据具体情境启动相应的文化构念。文化框架转换(cultural frame switching，CFS)模型认为文化知识体系具有动态性，个体可根据情境要求及时地启动相应的知识体系以指导个体的认知与行为。最近的研究进一步表明，对本民族和主流文化的认同在很大程度上是正交的，即个体可以高度认同两种文化(Ryder，Alden and Paulhus，2000；Tsai，Ying and Lee，2000)。相关的社会认知实验也表明，双文化个体通过参与文化框架转换(Hong et al.，2000)，或者在不同的文化情境下不断切换母国文化与东道国的文化线索,可实现同时拥有两种或者多种文化取向。

Benet-Martínez 等学者认为以上文献有助于推广双文化认同的概念,但这些概念之间也存在着一定的差距。首先,Berry 的整合概念(对两种文化的认同)未能描述人们如何融入和维持双重文化。其次,大多数传统的文化适应研究将双文化主义作为一种统一的结构来研究,忽视了双文化身份形成过程和组织方式的个体差异。最后,根据传统文化适应量表上的单个分数(或一组分数)就此对双文化主义进行评估,似乎不足以捕捉与双文化认同相关的经验和意义中的根本个体差异。

因此,在文化适应相关理论的基础上,Benet-Martínez 等学者提出了双文化认同整合(bicultural identity integration,简称 BII)理论。双文化认同整合理论考察了双文化个体文化身份同一的程度。一般而言,那些认为他们的双重文化身份和谐兼容的个体,其双重文化融合程度(即 BII 程度)较高;而那些认为自身双重文化身份不兼容或互相矛盾的个体,其 BII 程度较低(Haritatos and Benet-Martínez,2002)。双文化认同整合是衡量个体的母国文化和东道国文化身份混合与分离程度的概念。

BII 存在个体差异(Benet-Martínez et al.,2002)。高 BII 的人倾向于将自己视为"连字符文化"的一部分(母国文化和东道国文化分别为连字符的两端),他们很容易将这两种文化融入他们的日常生活,发展出兼容的双文化身份。这意味着他们不认为这两种文化是相互排斥、对立或冲突的。然而,低 BII 的人很难将两种文化融入一种"有凝聚力的身份感"。虽然低 BII 的人也认同两种文化,但他们对两种文化取向之间的特定紧张关系特别敏感,并将这种不相容视为内部冲突的根源。此外,低 BII 的个体通常觉得他们应该只选择一种文化,而不能同时接受两种文化。

其他关于双重文化的理论关注点在于个体或群体对于母国文化和东道国文化的认同差异,而 BII 则重点关注与母国文化和东道国文化之间的关系相关的感受,这可以更好地预测双文化适应的结果(Benet-Martínez et al.,2002)。有趣的是,低 BII 和高 BII 的人都倾向于采用 Berry 的整合策略。然而,他们在整合这些身份的难易程度方面有所不同(Benet-Martínez et al.,2002)。双文化身份融合的发展取决于外部因素,包括直接环境、历史背景以及两种文化的相似性等。例如来自特定背景的个人在东道国文化中受到欢迎的程度（Cheng，2014；Huynh，Nguyen and Benet-Martínez，2011）。

二、双文化认同整合的量表

Benet-Martínez 和 Huynh 等学者不断完善该理论并扩展其应用范围。2002 年，他们首次使用双文化认同整合理论进行量化评估时，仅有一个条目，即直接询问作答者是如何看待他们所具有的两种文化背景。该条目内容被称为双文化认同整合量表初测版本（Bicultural Identity Integration Scale-Pilot Version，BIIS-P）。2005 年，Benet-Martínez 等学者通过总结前人关于文化冲突和整合的研究，并整理前人关于双文化者的访谈记录，重新定义了双文化认同整合，并发表了双文化认同整合量表第 1 版（Bicultural Identity Integration Scale-version 1，BII-1）（Benet-Martínez and Haritatos，2005）。该版本共包括 8 个条目，采用 5 点计分法。它将双文化认同整合区分为两个分维度：文化冲突和文化分离。文化冲突这一维度上的低分代表双文化者因为这两种文化而感到痛苦，而高分则表示其认为两种文化是相互兼容的。文化分离则反映了双文化者认为两种文化是独立分开的还是相互融合的。

Benet-Martínez 等学者在最初提出双文化认同整合理论时就指出双文化认同整合并不是静态结构化的存在，而是一个动态过程。这一动态性的特点使得双文化认同整合模型和文化框架转换理论相互匹配，即个体完全能够做出与文化情境相一致的行为表现，并且可以随着文化情境而转换。Huynh（2009）又再次修订了 BII-1，并发表了双文化认同整合量表第 2 版，该版本共包括 19 个条目，仍然采用 5 点计分。该版本丰富了双文化认同整合的两个分维度：文化和谐与冲突以及文化混合与分离。文化和谐与冲突主要指双文化个体在两种文化倾向之间的主观情绪困惑和冲突感。文化混合与分离（在双文化认同整合最新版本问卷中，称之为混合—区分）指双文化个体对两种文化的重叠性与区别性的觉知（Huynh，Nguyen and Benet-Martínez，2011）。基于对双文化认同整合理论的研究，可以知道他们认为自己所拥有的两种文化是彼此和谐、统一的，还是相互对立、分离的，抑或是有矛盾、有冲突的。

双文化认同整合水平，即双文化者认为的两种文化（一般是本民族文化和主流文化）之间的兼容或冲突程度，包含文化冲突和文化距离两个维度。尽管双文化个体既认同本民族文化，也认同主流文化，但是 Benet-Martínez 等人（2002）的研究表明，双文化认同整合水平存在个体差异，并不是所有双文化个体的认同整合水平都是一样的。具体来说，双文化认同整合水平高的个体认为，两种文化是相互补充、和谐兼容的；而低双文化认同整合水平者则认为，两种文化相互冲突，是矛盾对立的。研究表明，个体是否具有文化框架转换效应受到双文化认同整合水平的调节。例如，当呈现中国文化背景时，高 BII 的华裔美国人表现出更多外归因；当呈现美国文化背景时，他们表现出更多内归因，高 BII 者显示了文化框架转换的同化效应。相反，低 BII 的华裔美国人则显示了文化框架转换的对比效应，即中国文化下更多内归因，美国文化下更多外归因。

三、双文化认同整合的作用

（一）心理及健康层面的作用

Berry 认为，两种文化融合是一种更健康的文化适应策略，而不是选择其中一种文化或拒绝两种文化。相比于其他身份取向，跨文化者的混合或互补的双文化身份取向，使其具有更高的幸福感（Berry，1997）。双文化认同整合理论在跨文化心理学、人格研究、传播学等领域得到了广泛的研究与应用，来自不同学科背景的研究者将双文化认同整合作为一个重要的个体差异变量加以应用。

心理学研究人员认为，个体感知到的两种文化身份的融合程度可以预测一个人的心理健康状况。过去对双文化认同整合的研究表明，高 BII 与更好的适应能力有关，包括更强的自尊、对生活的满意度和幸福感，以及更低的抑郁、焦虑和孤独程度，这些关联在控制了特质神经质后仍然成立（Chen，Benet-Martínez and Harris Bond，2008）。BII 高的个体往往拥有更多样化的社交网络，拥有更多来自东道国的朋友（Mok et al.，2007），因而他们的心理健康程度更高。

双文化认同整合程度高的个体认为，多元文化具有兼容性和互补性的特点，他们容易将这些文化融入日常生活。BII 的高低也与个体健康状况息息相关，因为从原有文化环境来到新的文化环境生活的经历本身就是一种压力，可能对双文化个体的健康产生负面影响。心理学实验室数据表明，低 BII 与更多的感知压力有关，同时与较高的皮质醇反应有关。实验心理学已经将可感知的压力、皮质醇反应与 BII 量表联系起来，这超出了已知的神经质效应，表明这一结构在移民压力和健康的生物心理社会研究中是重要的考虑因素，为相关的研究带来了全新的视角（Yim et al.，2019）。

（二）社会适应层面的作用

双文化个体在两种文化身份融合的程度上是不同的。例如，在亚裔美国人中，有些人认为亚洲和美国的文化是相容的，而另一些人认为亚洲和美国的文化是矛盾的。过去的研究发现，这种个体差异影响了双文化个体在不同文化情境下的反应方式。双文化认同整合程度高的亚裔美国人在美国文化的情境下，他们会表现出典型的美国人式判断；而双文化认同整合程度低的亚裔美国人，在美国文化情境下，则表现出典型的亚洲人式的判断（Mok and Morris，2010a）。此外，双文化认同整合作为个体差异变量，也影响了双文化个体对文化规范的态度。双文化身份整合程度较低的人倾向于反抗主流文化规范，而身份整合程度较高的人则倾向于遵守主流的文化规范（Mok and Morris，2010b）。

Mok 等人（2007）的研究表明，双文化认同整合水平高的美籍华人比双文化认同整合水平低的美籍华人拥有更多的非华裔朋友。跨文化的认同优势会影响他们与谁互动。强烈认同母国文化的个体与本国的人有更多联系。低双文化认同整合的个体在接受东道国文化时可能会遇到更大的困难，因为它与较大的文化适应压力和较低的体验开放度有关（Benet-Martínez and Haritatos，2005）。高 BII 的个体在自我概念和社会互动领域更乐于接受东道国文化。

四、关于留学生群体双文化认同整合的研究

(一) 双文化认同整合与认知能力

对于留学生群体的跨文化适应和双文化认同整合研究也一直是教育领域关注的问题。为了解双文化认同整合与留学生认知能力的相关性，Benet-Martínez 等人(2006)比较了高 BII 的华裔美国本科生和低 BII 的华裔美国本科生的认知复杂性。他们发现，与高 BII 个体相比，低 BII 个体对文化的认知更为复杂。在研究中，低 BII 个体对两种文化的描述更为复杂抽象。换言之，低 BII 个体运用更多的视角、更多的词汇和方法来描述文化，并对两种文化都做出评价和判断。Benet-Martínez 等学者还指出，低 BII 个体能够对潜藏在信息冲突下的文化线索进行更系统、更细致地处理，从而发展出更复杂的文化表征(例如低 BII 个体对文化的描述更丰富，更具差异性和集成性)。也就是说，这两种文化在低 BII 个体的价值观中还是存在冲突和距离的，没有完美地整合在一起。这一发现与行为科学的研究结果相一致(Suedfeld et al.，1994)。这表明个人价值观和社会价值观之间的矛盾冲突(例如个人自由和社会平等)，将会导致个体对文化进行更复杂的描述。无论如何，研究都证实了接触多种文化可能会提高个人发现、处理和组织日常文化意义的能力，这凸显了多元文化主义对留学生群体的潜在好处。

以上针对留学生群体的研究是基于双文化认同整合整体水平来考虑的。就 BII 的两个组成部分而言，最近的研究有助于描绘这两个部分与文化调适、社会认知变量和行为变量之间的独特联系。在对大学和社区中不同种族的双文化个体进行的多项研究发现，BII 和谐值与抑郁或焦虑症状的发生率相关联，即和谐值越高，负面症状的发生率越低(Huynh，Nguyen and Benet-Martínez，2011)。然而，就自我和群体刻板印象等社会观念而言，BII 混合值(非 BII 和谐值)也与自我认定有关。例如，拉丁裔大学生认为自己是典型的拉丁裔，古巴裔美国成年人认为自己是典型的美国人(Huynh，Nguyen and Benet-Martínez，2011)。这表明，从理论上而言，BII 混合值反映了双文化个体

对两种文化取向的统筹和建构，而 BII 和谐值则反映了个体对文化的感受和态度。此外，BII 混合值与个体的跨文化适应行为有关（Huynh，Nguyen and Benet-Martínez，2011）。研究还表明，在留学生中，双文化认同整合与提高生活满意度和学业成绩有关，因此具有融合身份的个体具有更好的社会文化适应能力，例如，学业成就、职业成就、社交技能等（Huynh，2009）。

（二）双文化认同整合与社交网络和跨文化适应

个体双文化认同整合度之间的差异也延伸到留学生的社交网络上（Mok et al.，2007）。在美国华裔本科生、研究生、访问学者及其配偶的样本中，高 BII 个体的社交网络拥有更多的东道国朋友，他们的东道国朋友与同胞朋友之间的联系更加紧密（见图 2-2）。

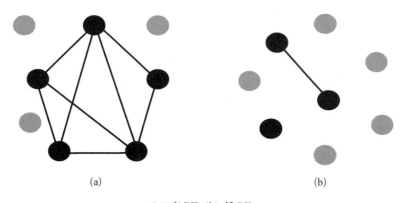

（a）高 BII；（b）低 BII。

图 2-2　不同双文化认同整合程度情况下的社交网络示意图

资料来源：MOK A，MORRIS M W，BENET-MARTÍNEZ V，et al. Embracing American culture：structures of social identity and social networks among first-generation biculturals[J]. Journal of Cross-Cultural Psychology，2007（38）：629-635.

注：以在美国的华裔留学生为研究对象，黑色圆圈代表东道国（非中国）朋友。节点之间的连接，代表了这些朋友之间的密切关系。更高的双文化认同整合度能够预测个体将拥有更多的非华裔朋友，并且这些非华裔朋友之间具有更丰富的社交网络。

双文化认同整合水平既与留学生的认知复杂性和社交网络相关，也与留学生个体的文化适应能力高度相关。研究人员以在香港的成年内地移居者、在香港的本地大学生和内地大学生为测量群体，研究发现 BII 的高低与个体的文化调适能力有关，即 BII 越高，个体的生活幸福感和满意度越高，抑郁和孤独情绪越少(Chen,Benet-Martínez and Harris Bond,2008)。另一项在加拿大魁北克省开展的关于多元文化身份整合(Multicultural Identity Integration,即 MII。MII 是 BII 从两种文化到三种及以上文化的延伸)的研究也为 BII 与文化调适的关系提供了相似的例证。研究人员发现,在魁北克省不同背景的年轻人中,MII 与自我接纳、与他人的积极关系、自主性、环境掌控、生活目标和个人成长等因素之间都存在关联(Downie et al.,2004)。总而言之,高 BII 个体往往具有更强的文化调适能力。

（三）双文化认同整合调节歧视感

不少研究表明,留学生曾在留学期间体会到被孤立与被歧视,这对留学生的心理健康有一定影响。一项针对在美国的留学生的研究显示,来自东亚、印度、中东和拉美的留学生普遍感觉到被歧视和不公平(Lee and Rice,2007)。另一项质性研究也表明,非洲留学生在西方大学中的留学生活也伴随着被歧视感和缺乏支持感。研究认为,这些非洲留学生曾经的生活体验和其国家在全球经济体系中的边缘地位嵌入他们留学体验的消极感知中(Beoku-Betts,2004)。而那些来自发达国家,例如欧洲、加拿大、新西兰的在美留学生,则并没有感知到明显的被歧视感。

一项研究表明,人们如何应对被歧视取决于他们的社会身份。有人认为,社会认同既可以作为缓冲因素,也可以作为风险因素。因此,当群体成员资格通过存在意义和社会支持为人们提供积极的社会认同时,它对双文化个体具有积极的影响;然而,当它不提供积极的社会认同,或者当这种社会认同受到歧视的威胁时,它会对双文化个体产生负面影响。为了进一步研究双文化认同整合与受到歧视及其应对之间的关系,Firat 和 Noels (2022)利用来自移民家庭的 1 143 名加拿大本科生的横断面数据探讨了感知歧视与心理困扰之间的关系。研究结果表明,双文化认同整合在这一过程中起到调节作用。

（四）双文化认同整合与异文化压力

有学者(Bae,2020)就从 1 635 名青少年处获得的次级纵向数据分析了这些多元文化青少年的双文化认同、异文化压力和主观幸福感之间的因果关系。结果表明，双文化认同整合对青少年心理健康有正向影响，对其异文化压力有负向影响；双文化认同整合通过调节异文化压力的作用，间接影响青少年的心理健康。另一项针对从中国移居到美国的高中生的文化适应研究结果显示，有5个变量可以促进学生的适应过程：与美国老师进行跨文化交流，与美国朋友进行互动和交流，探索中国社区以外的环境，通过技术学习文化，以及关于中美文化的对话。这些变量定义了一种"跨文化身份"，它解释了中国学生使用双文化和双语方法来平衡他们的母国文化和东道国文化(Tong，2014)。

第四节　双文化认同整合理论的可视化图谱分析

　　前三节我们通过文献综述，对跨文化背景下的文化适应以及双文化认同整合理论脉络进行了有机地梳理和细致地剖析，我们聚焦在不同文献的具体观点上，通过文献对话、辨析、总结，试图挖掘文献之间的内在联系。而在这一节，我们将运用可视化图谱分析的方法，对海量的文献数据进行有效提取，从数据线索中揭示理论和观点的发展脉络和时空关系。打个比方，在文献综述时，我们好似勤劳的蜜蜂，停留在不同种类的花海中，汲取不同的养分；而在做文献的可视化图谱分析时，我们好似雄鹰，翱翔在文献花海的上空，俯瞰文献发展的历史和脉络，提纲挈领地绘制出文献花海的地图。可视化图谱分析能够探究科学技术发展过程中量与质的关系，能够帮助我们厘清科学技术发展路径，清晰地捕捉科技发展前沿。因此，我们利用可视化图谱分析技术，将双文化认同整合理论置于浩瀚的文献地图中，挖掘该理论的发展脉络和走势。

一、理论发展的时空脉络

　　在web of science核心数据库中，以双文化认同整合为关键主题词进行

文献检索，截至 2021 年 4 月 15 日，经初步数据清洗剔除研究领域完全无关
的文献，共获得 211 篇文献，时间跨度从 2002 年到 2021 年。主要文献分布
在心理学、社会学、管理学等 10 个主流学科中，具体如图 2-3 所示。根据
文献分布学科，对这 211 篇文献再次进行数据清洗，获得相关性较高的文献
179 篇，以这 179 篇文献为分析对象进行后续的可视化分析。

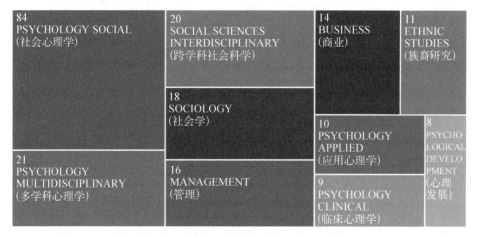

图 2-3　双文化认同整合理论的学科分类

　　利用 Citespace 对上述 179 篇文献进行系统分析，首先进行关键词聚类时
空分析，可清晰地获得双文化认同整合理论的主要发展路径，在文化适应领
域的研究中对双文化个体的研究逐渐聚焦，与前文的研究相吻合，即跨文化
适应过程的终极阶段是通过传统文化和主流文化的融合实现双文化认同整
合，也就出现了双文化主义和双文化个体的概念。通过对双文化个体特征和
文化适应策略的研究，逐渐形成双文化认同理论体系。如图 2-4 所示，
2002—2003 年，主要的研究内容聚焦在文化适应层面；2005—2006 年，双文
化个体的概念被逐步明确，研究者逐渐清晰总结出双文化认同的行为特点
和心理特征。直到 2009 年左右，双文化认同整合理论发展成熟，更多的研
究者运用这一理论概念对跨文化适应和双文化个体特点进行定量的分析。

　　进一步进行文献时空分析发现，双文化认同整合理论的提出是在 2002
年。2002—2020 年，运用该理论开展的研究层出不穷，并且与其他节点文
章之间的联系也比较强。其中，2005 年 Benet Martinez 的文章被引用的次

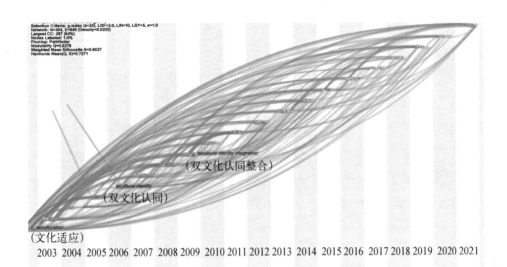

图 2－4　双文化认同整合理论发展的时空脉络图

数最多,之后的近 6 年,双文化认同整合相关文章的发表量比较少。直到
2012—2019 年,关于双文化认同整合理论的文章数量又有明显增加,初步
分析这可能与全球化发展带来的人群交流增加,相关的研究也随之增加有
关,其中对亚裔人群进行了大量的研究。相关研究和理论模型的建立主要
是由 Benet-Martinez 及 Hong 等研究团队提出并完善。该理论引入中国的
时间较晚,利用该理论探讨来华留学生在中国学习、工作和生活行为变化的
系统研究也较少,因此,本书借助双文化认同整合理论对来华留学生进行了
系统的跟踪研究和总结。

二、关键词共现网络分析

文献给出的关键词存在着某种关联,而这种关联可以用关键词共现的
频次来表示。一般认为,不同词汇对在同一篇文献中出现的次数越多,则代
表不同主题之间的联系越紧密。统计主题词两两之间在同一篇文献出现的
频次,便可形成一个由这些词关联组成的关键词共现网络。关键词共现网
络分析是利用文献集中的关键词或者短语共同出现的情况,来确定该文献
集所代表学科中各主题之间的关系。

　　图 2-5 是利用 Vosviewer 对相关文献进行的关键词共现网络分析。这幅图以"研究(study)"为中心分为左右两个部分,左侧部分围绕文化适应,主要的关键词分别为国家、移民、认同、关系和整合等;右侧部分围绕文化认同,主要的关键词分别为双文化、双文化个体、双文化认同以及双文化认同整合。左侧和右侧两个部分也通过线条相连,线条越粗,代表相关的两个关键词在文献中同时出现的次数越多。由此可知,双文化认同整合是跨文化研究领域中的一个研究分支,它作为一个核心的独立节点,与文化认同、双文化个体及认同整合紧密相连。

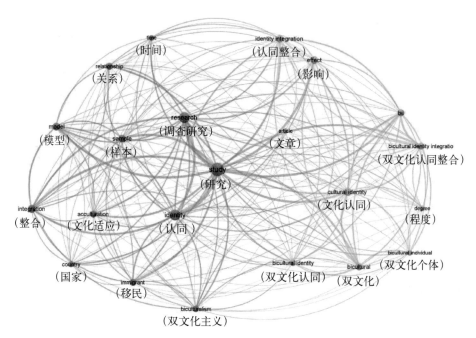

图 2-5　双文化认同整合文献关键词共现网络分析

三、关键词聚类分析

　　关键词聚类分析能够帮助我们更清晰地了解文献中的关键词聚集情况。图 2-6 显示了关键词聚类分析的结果。利用 g-index 算法,选用 $K=25$ 作为参数进行聚类分析,对文献关键词进行聚类分析共得到 22 个清晰

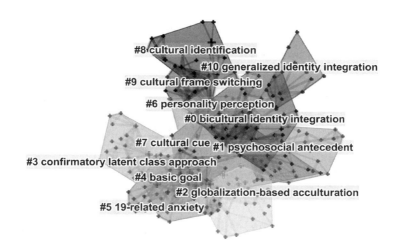

#0—双文化认同整合；#1—心理社会前因；#2—全球化文化适应；#3—验证性潜在类别分析；#4—基本目标；#5—相关焦虑感；#6—人格认知；#7—文化线索；#8—文化认同；#9—文化框架转换；#10—广义认同整合。

图2-6 双文化认同整合的文献关键词聚类分析

的聚类，该聚类分析的 Q 值为 0.627 8，说明各聚类之间充分独立，分析结果可靠。其中，位居前列的聚类有双文化认同整合、心理社会前因、全球化文化适应、验证性潜在类别分析、基本目标、相关焦虑感、人格认知、文化线索、文化认同、文化框架转换和广义认同整合。对这 11 个聚类关键词作图分析，双文化认同整合作为明确独立的聚类，在各聚类结果中处于关键的位置，相关文献的引用率也非常高，且它与文化框架转换、广义认同整合、文化线索都有强关联性。这进一步证明了本章第三节中提到的，文化框架转换确定了文化知识体系的动态性，个体可根据情境要求及时地启动相应的文化知识体系以指导个体的认知与行为。双文化个体的特点逐渐清晰并呈现出文化适应程度的差异化特点，即双文化身份形成过程和组织方式的个体差异，这一层面也可认为是广义的文化认同。双文化认同整合的能力高低对个体的心理和社会适应都会产生重要影响，从而充分说明双文化认同整合理论在文化线索和文化认同领域研究中占有重要的地位。双文化认同整合理论是文化认同理论的重要补充，并在全球文化适应研究中，特别是社会心理适应研究中起到了重要作用。

双文化认同整合理论的可视化图谱分析帮助我们更加直观地了解了文

献的来龙去脉和错综复杂的关系，对我们进一步运用相关理论进行研究提供了有力的证据和坚实的基础。

第五节　本章小结

那些知名的跨文化学习者的经历告诉我们，无论留学的路上遇到怎样的挫折和困难，跨文化学习经历终将会成为个体人生中最宝贵的财富之一。来自母国文化以及异国文化的冲击和洗礼，这些经历潜移默化地成为跨文化学习者拓展思维广度和深度、完善性格和人格的养分。以美国留学生教育的旗舰项目——福布莱特计划为例，截至 2019 年，超过 160 个国家和地区的 39 万人次通过该项目在美国留学，接受高等教育，这些人中有 37 人成为国家领导人，有 60 人获得诺贝尔奖（马佳妮，2020）。经历跨文化的"冲击"，并主动把两种文化有机融合，内化于心、外化于行的个体，会成长为超越文化局限的"双文化个体"，往往能够取得更大的成就。因此，我们没有理由不重视双文化认同整合带给留学生以及高等教育国际化的益处，需要更加深入地思考和分析双文化认同整合的内在机理及促进因素。

前文的相关理论综述为本书的研究奠定了坚实的理论基础。从跨文化研究的历史来看，无论是一维模型、双维度模型、三维模型还是多维模型，研究者都是基于前人的研究基础，不断丰富跨文化研究的维度，从文化意识和种族忠诚度，不断延伸到个体适应、心理适应、认知变化以及行为方式等方面。从中可以看出，随着时间的推移，跨文化领域的研究重点从关注主流文化群体，到关注弱势文化群体，再逐步关注个体层面。在个体层面，研究者尤其关注在跨文化适应过程中个体对母国文化与异国文化混合与分离的程度，即本书所述的双文化认同整合的程度。研究表明，双文化认同整合程度高的个体往往拥有更加健康的心理状态，更倾向于遵守主流文化规范，能够更好地适应新的环境。对于双文化认同整合程度高的留学生来说，往往拥有更高的生活满意度和更好的学业成绩（Huynh，2009），具有更好的社会文化适应能力，拥有更多的非本国朋友（Mok et al.，2007），他们也能更加有效地化解被歧视感，更好地平衡两种文化。

对于现有理论文献进行梳理可以发现，大量的研究是以在国外的样本为研究对象，国内对于留学生认同中国的研究才刚刚起步，研究视角、广度和深度都有待加强。留学生认同中国的心理形成机制是极其复杂的，是多因素交互影响的有机整体。当前，对于以来华留学生为研究对象的研究还需要不断充实和丰富。一是研究视角有待拓展。留学生认同中国涵盖社会、文化、政治、心理等多角度的问题。现有研究多从留学生个体对中国的文化认同角度出发，关于其社会认同的研究还有待丰富。二是研究方法较为单一。目前的研究多在国外研究的基础上，对已有影响因素直接进行建模分析，缺乏对中国留学生的实证研究与深度访谈，从而较难挖掘符合来华留学生独有的认同中国的影响因素。三是学科交叉较少。留学生认同中国涉及心理学、社会学、教育学、思想政治学等学科。国内现有研究多从单一学科角度进行探讨，未形成跨学科的特点，从而无法满足当前留学生教育在复杂环境下的真实需求。本书从这些方面入手，试图拓展现有理论在中国文化情境下的应用，同时挖掘来华留学生认同中国的本土化概念。

第三章
历史与现状：政策回顾与抽样调研

从前文文献梳理不难看出，对于跨文化的研究经历了从群体研究到个体研究的发展进程。为了更全面地研究来华留学生，我们有必要先了解我国从改革开放以来，来华留学教育经历了哪些政策演变，来华留学生的总体规模和分布，这对我们更精准地定位和了解来华留学生群体非常有必要。本书的研究重点是来华留学生认同中国的心理机制。来华留学生认同中国、实现双文化认同整合的过程既包括双文化个体心理调节的过程，也包括个体与教育体系、东道国的社会文化、东道国政策法规等方面的互动与调适。因此，本书从招收来华留学生的政策演变以及来华留学生的总体情况两方面，回顾来华留学事业发展的历史和现状，全面展示来华留学生总样本的概况，一方面为后续的来华留学生实证研究提供基础，另一方面为本书最后的对策建议提供历史支撑。

第一节　来华留学教育政策演变的
三个历史阶段

经济的迅速发展带来了社会的快速变化，中国的综合国力逐渐增强，在世界的影响力越来越大，吸引的各国留学生也越来越多。自改革开放以来，我国来华留学生政策的重点经历了三次变化，由外交导向转变为教育导向，由全局发展转变为重点突破，由数量导向转变为质量导向。

一、接收来华留学生的起步探索阶段

1978 年我国实行改革开放，经济开始快速发展，教育事业也开始面向世界。这一时期我国开始招收来华留学生，不过由于起步阶段总体人数少，并未形成一定规模，同时也缺乏国家政策支持，来华留学体制机制均不完善（朱文、张浒，2017）。因此，笔者把 1978 年到 2003 年这一时期归纳为我国接收来华留学生的起步探索阶段。

1979 年，教育部等四部门联合发布了《外国留学生工作试行条例（修订稿）》，这是我国第一部正式出台的关于来华留学生管理的政策条例（李彦光，2011）。1980 年，全国人大常委会通过的《中华人民共和国学位条例》中提到，在留学生学术水平达到相应程度后，我国高校有权向其授予相应学位[1]。1985 年施行的《外国留学生管理办法》，第一次对留学生在中国学习生活的各个方面做出了相应的规定（刘宝存、彭婵娟，2019）。1986 年，《外国留学生来华学习的有关规定》对留学生从入校到毕业做出了详细的规定[2]。至此，来华留学生文化教育政策管理体系基本形成，为以后来华留学生总数的增加确立了政策基础。1987 年之后，因为来华留学生的人数增加，给来华留学生的管理带来了新的问题，因此，在政策层面出台了一些关于违纪留学生处理办法的规定，以规范留学生行为并完善相关的政策体系。

在 1985 年之后，中国政府对来华留学生的奖学金和管理权方面的问题进行了改革。1991 年，我国在高等学校实施《关于普通高等学校授予来华留学生我国学位试行办法》，下放招生自主权给部分地方高校，简化程序，同

---

[1] 中华人民共和国学位条例[EB/OL].(1980 - 02 - 12)[2022 - 11 - 17]. http://www.gov.cn/banshi/2005 - 05/25/content_940.htm.

[2] 外国留学生来华学习的有关规定[EB/OL].(1986 - 01 - 01)[2022 - 01 - 14]. https://code.fabao365.com/law_234707_3.html.

时明确在文件中提出，"对来华留学生学习汉语的要求应实事求是，要求太高，容易脱离实际；要求太低，不利于对外交流"①。这一规定在一定程度上是通过降低语言要求吸引留学生来华，因为这一时期，来华留学生人数还比较少，国际化的氛围还不足。

在一系列文件的指导下，我国普通高等院校授予来华留学生学位管理工作逐步规范。1992年，《接受外国来华留学研究生试行办法》指出，只要是有博士、硕士学位授予权和准予对外开放的学科、专业即可以接受国外留学博士或是硕士研究生（刘宝存、彭婵娟，2019）。1996年，国家留学基金管理委员会成立，承担来华留学生实际管理的职责。至此，中国留学生教育完成了从政府部门统一规范化管理向中央宏观调控、地方协调管理兼高校自主管理模式的转变。

2000年，教育部颁布了《中国政府奖学金年度评审办法》，加强了对奖学金的相关管理，充分发挥了中国政府奖学金的作用②。中国政府奖学金政策的颁布，增强了留学生的来华意愿。这也是教育部第一次出台关于奖学金的政策，弥补了奖学金方面的政策缺口。2001年，《关于中国政府奖学金的管理规定》的出台，进一步规范了奖学金的相关管理，将奖学金分为长城奖学金、优秀留学生奖学金、HSK优胜者奖学金等③。

这一时期，来华留学生数量较少，国家亟须吸收大量外国留学生以扩大中国高等教育的国际影响力。所以这一时期国家采取了一些工具理性手段，比如降低招收门槛与毕业标准，以高额学业奖学金吸引留学生等。工具理性手段可以迅速取得一定效益，但是长远看来并不可持续。

---

① 国务院学位委员会关于在部分普通高等学校试行《关于普通高等学校授予来华留学生我国学位试行办法》的通知[EB/OL].（1991-10-24）[2022-11-17]. http://www.moe.gov.cn/srcsite/A22/s7065/199110/t19911024_61088.html.

② 中国政府奖学金年度评审办法[EB/OL].（2000-04-26）[2022-11-17]. http://www.moe.gov.cn/srcsite/zsdwxxgk/200801/t20080101_62256.html.

③ 关于中国政府奖学金的管理规定[EB/OL].（2011-07-30）[2022-11-17]https://www.np.gov.cn/cms/html/npszf/2015-05-19/1987755058.html.

二、来华留学生数量快速增长阶段

来华留学生数量快速增长阶段主要是指 2003 年到 2012 年。来华留学生总数从 2003 年的 7.77 万人增加到 2012 年的 32.83 万人，年平均增长率为 17.4%，是三个阶段中数量增长较快的阶段。2003 年，因为"非典"，来华留学生总数首次下降。2004 年，教育部实行了《2003—2007 年教育振兴行动计划》，首次明确提出实行现代教育品牌的方法，遵循"扩大规模、提高层次、保证质量、规范管理"的标准，推进政府部门学业奖学金管理方案改革创新，健全外国留学生文化教育与生活管理方案。该计划提出了不仅要注重来华留学生的数量，更要保证质量的目标和要求[①]。同时，在 2003—2007 年中，我国每年都出台了《来华留学工作方针》，以保证政策的有效贯彻。

2010 年是来华留学现行政策发展历程上具有重要意义的一年。这一年我国发布的《国家中长期教育改革和发展规划纲要（2010—2020 年）》明确提出，增大来华留学生的数量规模，增加相关奖学金的金额，优化来华留学人员结构。实行来华留学预科教育，增加用外语授课的课程数量，逐步提高来华留学教育质量[②]。同一年，《留学中国计划》的发布，意味着来华留学工作进入一个新阶段。该计划提出到 2020 年使我国成为亚洲最大的留学目的国的目标。与此同时，务必创建与我国国际竞争力、文化教育规模、水平相符合的来华留学工作保障体系，培养出一大批来华留学教育的高水平师资；形成来华留学教育特色鲜明的大学群和高水平学科群；培养一大批知华、友华的高素质来华留学毕业生[③]。虽然这一时期来华留学教育的首要目标是扩大规模。但从《2003—2007 年教育振兴行动计划》中可以看出，国家政策已经注意到质量发展的要求。该文件提出要按照"扩大规模、提高层次、保证质量、规范管

---

① 国务院批转教育部 2003—2007 年教育振兴行动计划的通知[EB/OL].（2004 - 03 - 03）[2022 - 11 - 17]. http://www.gov.cn/zhengce/content/2008 - 03/28/content_5687.htm.

② 国家中长期教育改革和发展规划纲要（2010—2020 年）[EB/OL].（2010 - 07 - 29）[2022 - 11 - 17]. http://www.moe.gov.cn/srcsite/A01/s7048/201007/t20100729_171904.html.

③ 教育部关于印发《留学中国计划》的通知[EB/OL].（2010 - 09 - 21）[2022 - 11 - 17]. http://www.moe.gov.cn/srcsite/A20/moe_850/201009/t20100921_108815.html.

理"的原则开展来华留学教育。《留学中国计划》再次强调了要统筹规模、结构、质量和效益,推进来华留学事业全面协调可持续发展,打造中国教育的国际品牌。

三、来华留学生教育提质增效阶段

2013年,习近平总书记提出了"一带一路"倡议,重点面向亚、欧、非大陆。由于中国与这些国家具有深远的历史渊源与文化联系,因而很快得到沿线国家的积极响应,从而迅速从理念转化为行动,以"五通"(政策沟通、设施联通、贸易畅通、资金融通和民心相通)为主要内容快速推进。

"一带一路"倡议提出后,我国逐渐成为邻近地区和发展中国家学生出国留学的重要选择之一,同时来华留学生教育在"一带一路"建设中扮演着重要角色。因此,这一阶段来华留学生主要来自"一带一路"沿线国家,中国通过各种政策支持,比如国家间学历互认、校际学分互换、学费减免等方式来吸引留学生。2015年3月28日发布的《推动共建丝绸之路经济带和21世纪海上丝绸之路的愿景与行动》提出,扩大相互间留学生规模,开展合作办学,中国每年向沿线国家提供1万个政府奖学金名额[1]。截至2022年,中国已和58个国家签署协议,推进学历互认,促进了留学生来华学习[2]。

2016年,《关于做好新时期教育对外开放工作的若干意见》特别强调了提高来华留学教育质量,提高教育对外开放治理水平,健全教育对外开放的相关管理,提出了东、中、西部要因地制宜发展来华留学教育事业[3]。此后,来华留学教育从关注来华留学生人数的单一维度转变为全方位关注留学教育发展整体质量。正如习近平总书记所指出的:"教育对外开放关键是提高质量,而不是盲目扩大规模。"2017年,教育部、外交部、公安部联合颁布了

---

① 推动共建丝绸之路经济带和21世纪海上丝绸之路的愿景与行动[EB/OL].(2015-03-28)[2022-11-17]. http://www.gov.cn/xinwen/2015-03/28/content_2839723.htm.

② 教育部：我国与58个国家签署学历学位互认协议[EB/OL].(2022-09-20)[2022-11-17].http://www.moe.gov.cn/fbh/live/2022/54849/mtbd/202209/t20220920_663363.html.

③ 关于做好新时期教育对外开放工作的若干意见[EB/OL].(2016-04-29)[2022-11-17].http://www.moe.gov.cn/jyb_xwfb/s6052/moe_838/201605/t20160503_241658.html.

《学校招收和培养国际学生管理办法》，规范了来华留学生教育中的招生、培养、管理、监督等一系列流程，首次提出了为来华留学生配备辅导员①。

2018年是来华留学教育里程碑式的一年。这一年教育部发布了《来华留学生高等教育质量规范（试行）》（以下简称《规范》）。《规范》指出要把来华留学教育的核心放到质量上，规范包含人才培养模式、招收录取、文化教育课程管理和服务保障四大板块。该《规范》从留学生的准入，到在中国的学习目标、学习内容、毕业要求以及生活权益等各方面都做出了详细的规定，同时也对高等教育机构的培养目标，师资队伍建设，学校设施配备和学生服务提出了具体要求②。该《规范》为高等教育机构完善来华留学生管理提供了政策支持，也是各种教育评价组织进行来华留学生教育质量规范评价的主要根据。除此之外，2020年6月，《教育部关于规范我高等学校接受国际学生有关工作的通知》颁布，其中对留学生国籍做出了明文规定，学校应依法核查国际学生办理入校的国籍身份和报名资质，对国籍身份有疑问的，高校应积极主动向本地公安部门出入境签证单位核查申请者的国籍身份状况③。此规范的颁布，收紧了外国留学生的招生范围，提高了留学生的准入门槛，避免出现"国际高考移民"的现象，有效防止了外国留学生录取标准的"超国民待遇"可能引发的教育不公，为此前发布的《学校招收和培养国际学生管理办法》做了相关补充。2021年12月，教育部办公厅等四部门关于印发《高等学校国际学生勤工助学管理办法》的通知，进一步明确了来华留学生开展勤工助学的具体办法和监管措施④。

来华留学生事业经过了起步探索、快速增长和提质增效三个阶段，实现了从无到有、从重数量到重质量的飞跃。如今作为世界第三、亚洲最大的留学生目的地国，我国的教育对外开放之门将会越开越大。

---

① 学校招收和培养国际学生管理办法[EB/OL].(2017-03-20)[2022-11-17].http://www.moe.gov.cn/srcsite/A02/s5911/moe_621/201705/t20170516_304735.html.

② 教育部关于印发《来华留学生高等教育质量规范（试行）》的通知[EB/OL].(2018-09-03)[2022-11-17]. http://www.moe.gov.cn/srcsite/A20/moe_850/201810/t20181012_351302.html.

③ 教育部关于规范我高等学校接受国际学生有关工作的通知[EB/OL].(2020-05-28)[2022-11-17]. http://www.moe.gov.cn/srcsite/A20/moe_850/202006/t20200609_464159.html.

④ 高等学校国际学生勤工助学管理办法[EB/OL].(2021-12-29)[2022-11-17].http://www.moe.gov.cn/srcsite/A20/s7068/202201/t20220121_595550.html.

第二节　来华留学生数量与结构优化的历史进程

一、来华留学生数量与专业分布

　　随着全球化的发展，国际上留学生的流动随之频繁。根据联合国教科文组织公布的数据显示，1999 年全球留学生的总量为 203 万人，到 2018 年增长到了 509 万人。自改革开放以来，我国教育水平迅速提升，对外国留学生的吸引力也越来越大。1978 年，来华留学生数量仅有 1 200 人；20 年后的 1999 年，来华留学生的数量增长到 4.47 万人。截至 2018 年，来华留学生数量达到了 49.22 万人。1999—2018 年，来华留学生数量年平均增长率为 13.46%（见图 3-1）。2018 年，中国接收留学生的数量居世界第三，仅次于美国（109.48 万人）与英国（50.65 万人），实现了《留学中国计划》中计划在

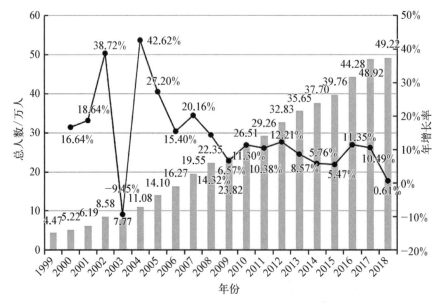

图 3-1　1999—2018 年来华留学生数量及增长率

资料来源：教育部《来华留学生简明统计》。

2020 年使中国变成亚洲最大的留学生目的地国的发展目标①。总体来看，1999—2018 年，来华留学生人数不断增加，增长速度先波动上升，后逐渐稳定在年均增长 10% 左右。2003 年来华留学生的数量下降了 9.45%，主要原因是"非典"的暴发，导致一些学生放弃来华留学。2018 年以后的来华留学人数还未公布，可以推测，全球新冠肺炎疫情肆虐或对来华留学人数造成较大的冲击。自新冠肺炎疫情发生以来，全世界的人口流动都呈现出明显的下降趋势，主要发达经济体的留学生人数也呈现锐减趋势。

留学生人数的持续增长，从一个侧面反映了来华留学事业的飞速发展。究其原因，主要是我国高等教育质量不断提升，当然奖学金的激励作用也不容小觑。每年我国政府都会给来华留学生中的优秀者提供奖学金，支持他们来华学习（刘进，2020）。从获得奖学金的留学生数量来看，1999 年拿到奖学金的来华留学生总数为 5 211 人，为来华留学生总数（44 711 人）的 11.65%；2007 年有 10 151 名来华留学生获得奖学金，占来华留学生总数（195 495 人）的 5.19%；之后来华留学人数不断上升，2018 年，拥有奖学金的来华留学生共有 63 041 人，占来华留学生总量（492 182 人）的 12.81%（见图 3 - 2）。从奖学金生占比来看，每年拿到奖学金来华的留学生比例并不高，最高的是 2018 年的 12.81%。进一步分析可以得知，绝大多数奖学金被"一带一路"沿线国家的来华留学生所获得。因为 2016 年国务院下发《关于做好新时期教育对外开放工作的若干意见》明确提出，"执行'一带一路'教育行动的政策，推动沿线国家教育协作"的关键部署，"每一年资助 1 万名沿线国家留学生来华学习培训和进修"②。此外，各地不断出台新的奖学金政策，如北京外国留学生"一带一路"专项奖学金、甘肃省丝绸之路奖学金、湖北省政府"一带一路"留学生奖学金等。从统计数据上来看，2018 年获得奖学金来华留学最多的前五大国家分别是巴基斯坦、蒙古国、越南、泰国、老挝。这五个国家均为"一带一路"沿线国家。整体上看，"一带一路"沿线国

① 教育部关于印发《留学中国计划》的通知［EB/OL］.（2010 - 09 - 21）［2022 - 11 - 17］. http：//www.moe.gov.cn/srcsite/A20/moe_850/201009/t20100921_108815.html.

② 关于做好新时期教育对外开放工作的若干意见［EB/OL］.（2016 - 04 - 29）［2022 - 11 - 17］. http：//www.moe.gov.cn/jyb_xwfb/s6052/moe_838/201605/t20160503_241658.html.

图 3 - 2 1999—2018 年获奖学金留学生的数量与占比

数据来源：教育部《来华留学生简明统计》。

家拿到奖学金的留学生占比约为 60%。

在专业选择方面，2000 年来华留学生选择最多的前五名专业分别为：汉语言、中医、文学、工科和法学。其中，汉语言专业有 35 422 人选择，占整体的比例为 67.92%，是来华留学生选择的最大热门专业。2018 年，来华留学生选择最多的前五名专业依次为汉语言、工科、西医、管理和经济。汉语言专业仍然高居第一，但占比下降到 37.68%，工科专业从 2000 年占比 3.34% 增长到 2018 年的 14.94%（见图 3 - 3 和图 3 - 4），这说明随着中国工程学科的发展，一些发展中国家的学生更多的是被中国快速发展的工程技术所吸引而来华学习。《2018 年美国门户开放报告》表明，在众多去美国深造学习的留学生中，人气最高的专业分别为工程技术、数学与计算机和工商管理，发展中国家的学生选择 STEM 学科（科学、技术、工程、数学）和工商管理专业的比例大于其他地方和相关地区①。与美国等国家相似的是，2018 年来华留学生中选择工科专业的学生占比为 14.94%，选择经济与管理专业的留学生占比为 17.99%；与美国等发达国家不同的是，汉语言等文

① A quicklook at global mobility trends [EB/OL].[2022 - 01 - 11].https://iie.widen.net/s/zgvw9pwrlq/project-atlas-infographics-2018.

科专业对来华留学生的吸引力最大，这体现了中国文化的吸引力。汉语在世界各国交流中的作用日益突出，是中国文化软实力中不可或缺的一环（谭旭虎，2020）。

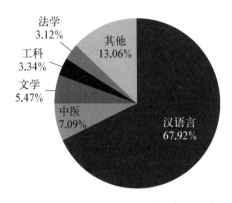 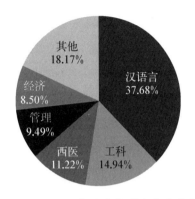

图3-3　2000年来华留学生专业分布　　　图3-4　2018年来华留学生专业分布
资料来源：教育部《来华留学生简明统计》。　　　资料来源：教育部《来华留学生简明统计》。

二、来华留学生的来源与学历结构

从留学生来源地来分析，来自亚洲的来华留学生数量高居第一位（见图3-5）。1999年，来自亚洲国家的留学生占全体来华留学生总数的71.89%；2018年，这个比例已经下降到了59.96%。这说明，来华留学生的来源更加多元化。1999年，除了亚洲以外，欧洲和美洲的来华留学生数量相对较多，占比分别为12.06%和11.04%，非洲和大洋洲的来华留学生数量相对较少，占比分别为3.10%和1.91%。但在2018年，非洲来华留学生数量迅速增加到81 566人，占比为16.57%（见表3-1），非洲成为除了亚洲之外最大的来华留学生生源地。亚洲国家人口分布比较稠密，本身人口基数较大，加上与中国的地理距离较近，留学生人数众多。大洋洲因为区域人口基数较少，所以来华留学生人数相对较少。根据联合国教科文组织（UNESCO）和世界银行（World Bank）关于人均居民收入水平的分析，中等收入国家和中高收入国家的学生对于留学的需求较大，随着资本的积累和对教育的更高追求，"一带一路"沿线国家留学生源将会进一步增加。

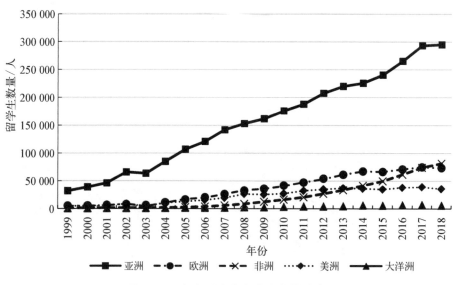

图 3-5 各大洲来华留学生数量分布

表 3-1 1999—2018 年各大洲来华留学生数量及占比

年份	亚 洲		欧 洲		非 洲		美 洲		大洋洲	
	人数	占比/%	人数	占比/%	人数	占比/%	人数	占比/%	人数	占比/%
1999	32 143	71.89	5 392	12.06	1 384	3.10	4 938	11.04	854	1.91
2000	39 034	74.85	5 818	11.16	1 388	2.66	5 142	9.86	768	1.47
2001	46 142	74.58	6 717	10.86	1 526	2.47	6 412	10.36	1 072	1.73
2002	66 040	76.95	8 126	9.47	1 646	1.92	8 884	10.35	1 130	1.32
2003	63 672	81.93	6 462	8.31	1 793	2.31	4 706	6.06	1 084	1.39
2004	85 112	76.79	11 524	10.40	2 186	1.97	10 695	9.65	1 320	1.19
2005	106 740	75.71	16 461	11.68	2 757	1.96	13 220	9.38	1 806	1.28
2006	120 930	74.33	20 676	12.71	3 737	2.30	15 617	9.60	1 733	1.07
2007	141 689	72.48	26 339	13.47	5 915	3.03	19 665	10.06	1 887	0.97
2008	152 931	68.43	32 460	14.52	8 799	3.94	26 557	11.88	2 748	1.23
2009	161 605	67.85	35 876	15.06	12 436	5.22	25 556	10.73	2 710	1.14
2010	175 805	66.32	41 880	15.80	16 403	6.19	27 226	10.27	3 772	1.42
2011	187 871	64.21	47 260	16.15	20 744	7.09	32 333	11.05	4 392	1.50
2012	207 575	63.22	54 430	16.58	27 052	8.24	34 881	10.62	4 386	1.34
2013	219 838	61.67	61 482	17.25	33 359	9.36	37 044	10.39	4 743	1.33

续　表

年份	亚　洲		欧　洲		非　洲		美　洲		大洋洲	
	人数	占比/%	人数	占比/%	人数	占比/%	人数	占比/%	人数	占比/%
2014	225 531	59.82	67 427	17.89	41 626	11.04	36 140	9.59	6 269	1.66
2015	240 211	60.41	66 688	16.77	49 784	12.52	34 933	8.79	6 009	1.51
2016	265 056	59.86	71 237	16.09	61 594	13.91	38 069	8.60	6 806	1.54
2017	293 329	59.96	75 002	15.33	74 243	15.18	39 202	8.01	7 439	1.52
2018	295 113	59.96	73 541	14.94	81 566	16.57	35 733	7.26	6 229	1.27

资料来源：教育部《来华留学生简明统计》。

从世界上主要来华留学生生源地国家排名来看，1999年来华留学生数量排名前十的国家分别为日本、韩国、美国、印度尼西亚、德国、法国、澳大利亚、俄罗斯、泰国和加拿大，其中日本和韩国两个国家的留学生人数就占到来华留学生总数的54.83%。这十个国家中除了印度尼西亚和泰国外都是发达国家。这一阶段来华留学生教育刚起步，来华留学生数量较少。2018年，来华留学生数量排名前十的国家出现了较大变化，依次为韩国、泰国、巴基斯坦、印度、美国、俄罗斯、印度尼西亚、老挝、日本和哈萨克斯坦；从比例来看，仅有韩国来华留学生数量占比超过10%，其他国家均在10%以下，这说明来华留学生的国籍更加多元化了。在来华留学生人数前十的国家中，有6个国家在20年后仍然处于前十的位置，韩国从1999年的第二位上升至2018年的第一位，有4个国家是新晋的前十名国家，分别为巴基斯坦、印度、老挝、哈萨克斯坦，这几个国家均为亚洲国家且为"一带一路"沿线国家，可以看出"一带一路"沿线国家的来华留学生逐渐成为来华留学生的主要增长点（见表3-2）。

表3-2　1999年和2018年来华留学生数量排名前十的国家

1999 年			2018 年		
国　家	留学生人数	占比/%	国　家	留学生人数	占比/%
日　本	12 784	28.59	韩　国	50 600	10.28
韩　国	11 731	26.24	泰　国	28 608	5.81

续　表

1999 年			2018 年		
国　家	留学生人数	占比/%	国　家	留学生人数	占比/%
美　国	4 094	9.16	巴基斯坦	28 023	5.69
印度尼西亚	2 411	5.39	印　度	23 198	4.71
德　国	1 297	2.90	美　国	20 996	4.27
法　国	824	1.84	俄罗斯	19 239	3.91
澳大利亚	770	1.72	印度尼西亚	15 050	3.06
俄罗斯	609	1.36	老　挝	14 645	2.98
泰　国	512	1.15	日　本	14 230	2.89
加拿大	508	1.14	哈萨克斯坦	11 784	2.39

资料来源：教育部《来华留学生简明统计》。

一个国家留学生的学历结构是考察该国教育实力的重要因素。学历教育是指攻读学位、取得学历凭证的教育，如本科教育、研究生教育；除此之外的为非学历教育，主要指交流交换、访学、进修以及语言学习等。在一个国家的留学教育中，学历教育比非学历教育更受到留学生的重视，因为选择前往一个国家攻读学位，往往代表留学生对该国教育实力的认可。从学历构成来看，高等教育较发达的经济体，如美国、英国等，学历生占比普遍较高，达到本国总留学生数的 90％以上。2018 年，美国的留学生中有近 56.16 万人修读本科学位，约有 42.57 万人攻读硕士和博士研究生学位，美国接受学历教育的留学生总数稳居世界第一；在英国，约有 23.91 万留学生修读本科学位，约有 15.58 万留学生攻读硕士学位，约有 4.62 万留学生修读博士研究生学位，接受短期非学历教育的留学生仅有 1.1 万人，学历留学生约占留学生总数的 97.57％。尽管中国在 2014 年变成全球第三大留学生接收国，但中国学历教育的吸引力还有待加强，学历教育结构仍需优化。从总量上看，中国 2018 年接受大学本科教育的留学生约有 17.31 万人，接受硕士研究生教育的留学生约有 5.94 万人，接受博士研究生教育的留学生约有 2.56 万人，接受非学历教育的留学生约有 23.41 万人，学历留学生仅占留学生总数的近 52.44％，我国接收的学历生比例落后于美、英等国。在研究生教育方面，我国对外国留学生的吸引力和留学强国之间还存在差距（见表 3－3）。

表 3－3　2018 年主要留学目的地国留学生学历构成

国　家	非学历生	本科	硕士	博士	留学生总计	学历生占比/%
美　国	—	561 625	425 689		987 314	—
英　国	11 003	239 106	155 807	46 163	452 079	97.57
法　国	14 300	70 311	119 747	25 265	229 623	93.77
德　国	—	123 184	164 654	23 900	311 738	—
澳大利亚	103 143	159 519	162 611	19 241	444 514	76.80
加拿大	47 427	123 719	34 684	18 719	224 538	78.88
日　本	61 144	75 112	31 291	15 201	182 748	66.54
中　国	234 063	173 060	59 444	25 618	492 185	52.44

资料来源：https://stats.oecd.org/#.

第三节　来华留学生认同中国的现状研究

一、调研方法及样本选择

（一）研究问题

本书从跨文化适应的视角探究来华留学生认同中国的现状及影响因素。本书研究的主要问题是：

（1）来华留学生对我国的总体印象如何？

（2）来华留学生对中国文化的了解程度如何？

（3）当前我国高校来华留学生双文化认同整合的现状如何？

（4）不同类型的群体双文化认同整合的情况是否有差异？

（5）哪些因素影响来华留学生对中国文化的了解？

（6）哪些因素影响来华留学生的双文化认同整合水平？

在以上问题的引导下，本节的研究框架确定为：首先，确定调研问卷的主体内容，确定研究变量以及合适的测量量表；其次，确定抽样原则，进行抽样调查；再次，针对调研数据进行分析，研究不同群体对中国文化的了解程度以及双文化认同整合的差异；最后，确定双文化认同整合的影响因素。

（二）问卷设计

在问卷设计之前，笔者首先查阅了跨文化适应的相关文献，汲取了有价值的文献资料，研究了不同问卷量表的理论基础、适用范围等，为编制问卷奠定了理论基础。

问卷的第一部分是被调研对象的基本信息，包括性别、国籍、所属学校、中文水平、学业水平、是否华裔、来华时间等；第二部分主要是笔者改编的对中国文化了解程度的量表以及双文化认同整合量表；第三部分为笔者编制的题项，包括对中国社会、经济等方面的认知题项。为了确保量表的准确性，本研究采用对译法将量表翻译成中英文两个版本。笔者邀请 10 位留学生进行问卷预测试，预测试结束后进一步完善了调研问卷，并对其中的用词准确性和是否有歧义等方面进行了微调。本研究采用主观感知方法以 Likert(李克特) 5 级量表的形式对变量进行测量。

（三）研究对象和样本选择

本研究的样本总体是在中国攻读学位的来华留学生。在研究中，采取概率抽样中的分层抽样与非概率抽样中的目的抽样相结合的方法确定样本，具体抽样过程如下。

1. 初级抽样单位的获得

据教育部统计数据显示，2014 年来华留学生数量排名前十名的省市如表 3-4 所示。

表 3-4　2014 年我国留学生数量前十的省市

序　号	城　市	来华留学生人数/人
1	北　京	74 342
2	上　海	55 911

续　表

序号	城　市	来华留学生人数/人
3	天　津	25 720
4	江　苏	23 209
5	浙　江	22 190
6	广　东	21 298
7	辽　宁	21 010
8	山　东	17 896
9	湖　北	15 839
10	黑龙江	12 056

根据来华留学生人数最多的十个省市，并结合相关文献研究，笔者确定了初级抽样单位。本研究的初级抽样单位为：北京、上海、天津、江苏、浙江、广东、辽宁、山东、湖北和黑龙江。

2. 次级抽样单位的获得

在具体调研中，我们深入以上十个初级抽样单位进行研究，次级抽样单位为以上省市的来华留学生就读高校。抽样采取判断抽样结合滚雪球抽样方法来进行。具体过程为：在次级抽样单位中选取了首都经贸大学、北京交通大学、上海交通大学、天津大学、江南大学、浙江师范大学、广东外语外贸大学、大连理工大学、华中师范大学、哈尔滨工程大学等高校，邀请这些高校的来华留学生管理办公室老师帮忙发放电子问卷。在具体调研过程中，又通过次级抽样单位推荐，引入新的次级推荐单位，按照这种方法，最终获得了次级抽样样本 26 个，具体情况如表 3-5 所示。

表 3-5　有效样本的高校分布

高 校 名 称	中文作答	英文作答	合计	有效百分比/%	累计百分比/%
上海交通大学	80	81	161	24.62	24.62
天津大学	30	37	67	10.24	34.86

高 校 名 称	中文作答	英文作答	合计	有效百分比/%	累计百分比/%
哈尔滨工程大学	0	62	62	9.48	44.34
西安交通大学	0	54	54	8.26	52.60
首都经济贸易大学	0	42	42	6.42	59.02
哈尔滨工业大学	10	24	34	5.20	64.22
北京交通大学	4	21	25	3.82	68.04
华中科技大学	16	9	25	3.82	71.87
合肥工业大学	0	24	24	3.67	75.54
安徽师范大学	6	15	21	3.21	78.75
天津医科大学	0	21	21	3.21	81.96
浙江师范大学	20	1	21	3.21	85.17
重庆大学	6	15	21	3.21	88.38
大连理工大学	14	0	14	2.14	90.52
华中师范大学	0	14	14	2.14	92.66
沈阳大学	2	11	13	1.99	94.65
首都师范大学	0	11	11	1.68	96.33
北京化工大学	1	5	6	0.92	97.25
广东外语外贸大学	4	2	6	0.92	98.17
北京语言大学	0	3	3	0.46	98.62
对外经济贸易大学	1	1	2	0.31	98.93
江南大学	0	2	2	0.31	99.24
清华大学	1	1	2	0.31	99.54
济南大学	0	1	1	0.15	99.69
南方医科大学	0	1	1	0.15	99.85

高 校 名 称	中文作答	英文作答	合计	有效百分比/%	累计百分比/%
浙江大学	0	1	1	0.15	100.00
合计	195	459	654	100.00	

从地区分布上看,表3-5的高校涵盖了华北、华东、华中、华南、东北地区,涵盖了来华留学生最多的10个省市,样本在地区分布上具有较强的代表性。从类型上看,以上高校既有综合类大学,也有理工类院校,还有语言类院校和医科院校;从招生规模上看,上述样本也具有代表性。

3. 末级抽样单位的获得

末级抽样单位,也就是本研究的来华留学生个体,由次级抽样单位的来华留学生管理干部通过电子问卷形式向留学生发放获得,后又通过滚雪球方式,通过这些学生邀请他们认识的来华留学生填写问卷,剔除无效样本后,最终得到有效样本654个。

综上所述,本研究通过三级抽样原则,在来华留学生最多的10个省市进行一级抽样,在所在省市的高校进行次级抽样,获得26个高校作为次级抽样单位,最终在26所高校中抽样获得654个有效来华留学生样本。各级抽样样本具有比较强的代表性,为后续研究提供了足够的样本支持。

二、样本情况分析

（一）来华留学生的国别分析

本研究调研对象来自127个国家和地区,其中来自巴基斯坦、尼日利亚、马来西亚、孟加拉国、印度、印度尼西亚、俄罗斯等国家的学生较多。表3-6显示了来华留学生的地理分布情况,为了简化表格,来华留学生人数小于4人的国家和地区未在表格中列出,统一归入"其他国家和地区"进行统计。

表 3-6　被调研对象的地理分布

国家和地区	人数	有效百分比/%	累计百分比/%
巴基斯坦	122	18.65	18.65
尼日利亚	29	4.43	23.09
马来西亚	21	3.21	26.30
孟加拉国	21	3.21	29.51
印度	20	3.06	32.57
印度尼西亚	17	2.60	35.17
俄罗斯	16	2.45	37.61
肯尼亚	16	2.45	40.06
泰国	16	2.45	42.51
法国	14	2.14	44.65
喀麦隆	14	2.14	46.79
斯里兰卡	13	1.99	48.78
加纳	12	1.83	50.61
坦桑尼亚	12	1.83	52.45
美国	10	1.53	53.98
蒙古国	10	1.53	55.50
埃及	8	1.22	56.73
德国	7	1.07	57.80
韩国	7	1.07	58.87
柬埔寨	7	1.07	59.94
也门	7	1.07	61.01
意大利	7	1.07	62.08
巴西	6	0.92	63.00

续 表

国家和地区	人数	有效百分比/%	累计百分比/%
科特迪瓦	6	0.92	63.91
莫桑比克	6	0.92	64.83
苏丹	6	0.92	65.75
乌克兰	6	0.92	66.67
赞比亚	6	0.92	67.58
厄立特里亚	5	0.76	68.35
津巴布韦	5	0.76	69.11
卢旺达	5	0.76	69.88
马达加斯加	5	0.76	70.64
摩洛哥	5	0.76	71.41
越南	5	0.76	72.17
埃塞俄比亚	4	0.61	72.78
澳大利亚	4	0.61	73.39
冈比亚	4	0.61	74.01
荷兰	4	0.61	74.62
吉布提	4	0.61	75.23
日本	4	0.61	75.84
土库曼斯坦	4	0.61	76.45
乌兹别克斯坦	4	0.61	77.06
西班牙	4	0.61	77.68
伊朗	4	0.61	78.29
其他国家和地区	142	21.71	100.00

注：此表仅列出人数大于或等于 4 人的国家或地区名称，小于 4 人的国家和地区统一计入其他国家和地区。

（二）来华留学生的性别及语言水平

本研究的样本中，男性有 415 人，占比为 63.46％。相关研究表明，来华留学生的中文水平与其跨文化适应状况有着显著的相关关系。本研究调研的样本数据中，能够运用中文简单对话的学生占比为 37％，具备流利的日常听说能力的留学生占比为 29％，能够听懂一些中文的留学生占比为 17％，能够自如运用中文的留学生占比为 14％，不懂中文的留学生占比为 3％（见图 3－6）。来华留学生能够熟练使用中文可以帮助其深入了解中国文化、社会以及结交更多的中国朋友，从而加深对中国的认同感，提升自身双文化认同整合的能力。

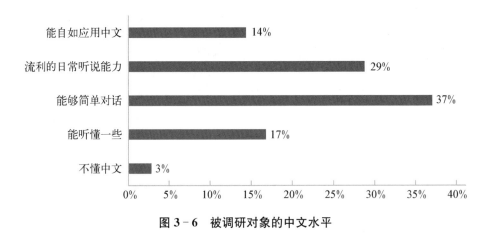

图 3－6 被调研对象的中文水平

（三）来华留学生的留学时间

文化适应是一个复杂、动态的发展过程。跨文化适应的早期研究者描述了文化适应要经历的必然过程，其中最著名的是 Oberg 关于"文化休克"的描述。所谓"文化休克"，即指一个人处于一种社会性隔离，而产生焦虑、抑郁的心理状态，"当物质上的难题加上因为不知如何交流和因陌生的风俗而产生的不确定性，接踵而来的挫败感和焦虑感就不难理解了"（Oberg，1960）。

Lysgaand(1955)把"文化休克"的过程描述为四个阶段：蜜月期、挫折期、调整期和适应期。他将文化适应过程用"U形曲线"来表示。跨文化适应者在6个月以内处于对新文化的憧憬和好奇的状态,感觉好似蜜月期,情绪的调整是容易的;6—18个月处于挫折期,其情绪通常比较低落,调整的过程也是困难的;18个月以后进入调整期,对新的文化逐渐适应,情绪调整是有效的。用"U形曲线"来描述跨文化适应过程曾在一段时期内的学术圈子是比较流行的。不过近来一些学者开始质疑这种理论,认为这种跨文化适应阶段的划分是直觉性的,过于简单化,而且缺乏科学研究的证明。也有学者指出,人们到一个陌生地方的最初阶段会遇到最严重的文化适应问题,因为这个时候经历的人生变化太多,而可以有效利用的资源又很少。根据他们的调查,到达新环境的第一个月,大多数旅居者的感受是负面的,并没有经历所谓的"蜜月阶段",而是从一开始就体验到了压力和挑战。

虽然"U形曲线"理论有一些局限性,但它仍然是一种简便而直观的理解文化适应过程的方法。因此,本研究采用0—6个月、6—18个月、18个月以上作为时间节点,调查来华留学生来华时间的长短。有430人来华时间为18个月以上,约占样本总量的65.75%;有135人来华时间在6—18个月,约占样本总量的20.64%;有89人来华时间为0—6个月,约占样本总量的13.61%。

三、来华留学生对中国的总体态度

调研中,笔者考察了调研对象对中国的总体印象,分数为1分到10分,10分为最高分。从全样本分析来看,来华留学生对中国的总体印象较好,对中国总体印象打8分的受访者最多。对中国总体印象大于等于7分的受访者占全样本的85.93%。中文和英文作答的问卷对中国总体印象的差异不大(见图3-7)。

来华留学时间不同,留学生对中国的整体态度是否有不同呢? 根据分析可知,来华时间小于6个月的留学生对中国总体印象的平均分为7.98分,来华6—18个月的留学生对中国总体印象的平均分为8.09分,来华超过18个月的留学生对中国总体印象的平均分为8.11分(见表3-7)。

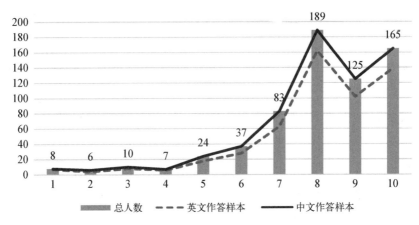

图 3-7　被调研对象对中国的总体态度

表 3-7　来华时间不同的留学生对中国的总体印象评价

来华时间	1分/%	2分/%	3分/%	4分/%	5分/%	6分/%	7分/%	8分/%	9分/%	10分/%	加权平均分
小于6个月	2.25	1.12	2.25	0.00	2.25	5.62	16.85	28.09	17.98	23.60	7.98
6—18个月	0.75	0.75	1.49	0.00	3.73	6.72	13.43	32.09	17.91	23.13	8.09
大于18个月	1.17	0.93	1.40	1.63	4.20	5.36	11.66	28.21	19.11	26.34	8.11

从表 3-7 可以看出，在中国留学超过 18 个月的留学生有 26.34% 的人对中国的总体印象是满分 10 分，而来华时间小于 6 个月的留学生对中国总体印象为满分的占比是 23.60%。为了检验来华留学时间小于 6 个月和超过 18 个月的留学生群体对中国总体印象打分是否存在显著性差异，我们需要对两个样本进行 T 检验。两个独立样本的 T 检验方法如下：

零假设 H_0：两总体均值之间不存在显著差异。首先，通过 F 检验判断两个总体的方差是否相同。其次，计算 F 统计量，并根据 F 分布表获得统计量对应的概率，将这一概率与显著性水平进行比较，从而判断方差是否相同。最后，根据 T 统计量和对应的概率值进行判断。如果 T 统计量的概率值小于或等于显著性水平 a，则拒绝零假设，认为两个总体均值之间存在显著差异；相反则接受零假设，认为两个总体均值之间不存在显著性差异。

留学时间小于 6 个月和超过 18 个月的两个留学生样本，对于中国的总体印象打分是否存在显著性差异，结果如表 3-8 和表 3-9 所示。

表 3-8　不同来华时间的两个样本对中国总体印象的数据概况

	来 华 时 间	样本数	平均值	标准差	标准误差平均值
对中国的总印象打个分（分值越高，印象越好）	来华时间小于 6 个月	89	7.98	1.965	0.209
	来华时间超过 18 个月	430	8.11	1.845	0.089

表 3-9　两个独立样本 T 检验

		莱文方差等同性检验		平均值等同性 t 检验					
		F	显著性	t	自由度	显著性（双尾）	平均值差值	标准误差差值	差值95%置信区间	
									下限	上限
对中国的总印象打个分（分值越高，印象越好）	假定方差相等	0.007	0.935	-0.629	513	0.529	-0.137	0.218	-0.567	0.292
	假定方差不相等			-0.604	120.651	0.547	-0.137	0.228	-0.588	0.313

由 SPSS 输出的结果显示，两个样本对中国的总体印象平均值为 7.98 和 8.11，标准差分别为 0.209 和 0.089。F 统计量的概率为 0.935，大于显著性水平 0.05，不能拒绝原假设，因此可以认为两个样本方差无显著差异。然后看方差相等的 T 检验结果，T 统计量的概率值为 0.529，大于 0.05 的显著性水平，接受 T 检验的零假设，也就是说两个样本的均值无显著差异，即来华时间与留学生对中国总体印象并无显著的关联性。

笔者又考察了"我认为中国是负责任的大国"和"我认为中国是和平发展的大国"这两种主观感受问题，分值如下：非常同意为 5 分，部分同意为 4 分，中立为 3 分，部分不同意为 2 分，完全不同意为 1 分。由图 3-8、图 3-9 可知，来华留学生中的大部分人对中国的印象较好，对中国的国家形象持正面态度。有 82.57％的留学生非常同意或者部分同意"中国是负责任的大国"这一说法，有 81.19％的留学生非常同意或者部分同意"中国是和平发展的大国"这一说法。

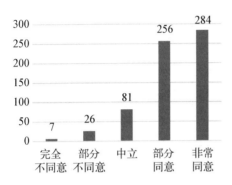

图 3－8 "我认为中国是负责任的
大国"调研结果

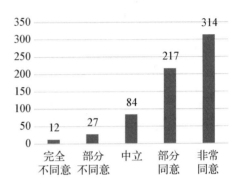

图 3－9 "我认为中国是和平发展的
大国"调研结果

四、来华留学生对中国文化的了解

（一）对中国文化了解程度的测量

为了考察来华留学生对中国文化的了解程度，笔者参考了新加坡南洋理工大学 Soon Ang 等人（2007）开发的文化智力量表中的"认知文化智力"量表，自行编制了来华留学生"对中国文化的了解程度"的相关题项。认知文化智力侧重于阐释个人不同类型的显性文化知识，包括不同文化所反映出来的价值观、行为规范和不同文化的实践模式，同时也包括不同文化相关的法律、经济和社会制度层面的知识。原量表通过 6 道题目考察研究对象对其他文化的了解和认知程度。例如，"我了解其他文化中的法律和经济体系"，笔者对上述题项进行了具体化，改为"我了解中国文化中的法律和经济体系"。改后的 6 道题涵盖了对中国文化中的法律、经济体系、语言规则、价值观、宗教信仰、婚姻体系、艺术和手工艺品以及非语言行为规则，基本涵盖了文化的主要方面（见表3－10）。经过检验，该量表被证明具有良好的信度，内部一致性系数 Cronbach's α 为 0.804。经分析可知，全样本（654 人）对中国文化了解的总体平均值为 3.55（最高为 5 分），标准差为 0.68。

表 3-10 对中国文化的了解程度

对中国文化的了解程度	对中国文化的了解
（非常同意—5 分，部分同意—4 分，中立—3 分，部分不同意—2 分，完全不同意—1 分）	我了解中国的法律和经济体系
	我了解中国的语言规则（如词汇和语法）
	我了解中国文化的价值观和宗教信仰
	我了解中国的婚姻体系
	我了解中国的艺术和手工艺品
	我了解中国文化中非语言行为的规则

（二）来华留学生的中文水平与他们对中国文化了解程度的关系

来华留学生对中国文化的了解程度是否与其中文水平有关呢？为了研究这个问题，我们先进行相关分析（见表 3-11）。由表 3-11 可见，来华留学生的中文水平与留学生对中国文化的了解程度在 0.01 的显著性水平上高度相关，相关系数为 0.276。

表 3-11 来华留学生的中文水平与对中国文化的了解程度

		中文水平	对中国文化的了解程度
中文水平	皮尔逊相关性	1	0.276**
	显著性（双尾）		0.000
	样本数	493	493
对中国文化的了解程度	皮尔逊相关性	0.276**	1
	显著性（双尾）	0.000	
	样本数	493	654

注：** 表示在 0.01 级别（双尾）的显著性水平上，相关性显著。

为了更有效地证明来华留学生的中文水平能够有效地增强其对中国文化的了解程度，我们首先就不同中文水平的留学生对中国文化的了解程度进行交叉联表分析(见表 3 - 12)。

表 3 - 12　来华留学生的中文水平与中国文化了解程度的交叉联表

			1—2分	2—3分	3—4分	4—5分	总计
中文水平	不懂中文	计数	2	3	6	3	14
		占比/%	14.29	21.43	42.86	21.43	100
	能听懂一些	计数	2	28	47	6	83
		占比/%	2.41	33.73	56.63	7.23	100
	能够简单对话	计数	5	33	127	18	183
		占比/%	2.73	18.03	69.40	9.84	100
	流利的日常听说能力	计数	2	22	91	27	142
		占比/%	1.41	15.49	64.08	19.01	100
	能自如应用中文	计数	1	9	35	26	71
		占比/%	1.41	12.68	49.30	36.62	100
总　计		计数	12	95	306	80	493
		占比/%	2.43	19.27	62.07	16.23	100

其次，利用交叉联表的卡方检验。卡方检验的零假设 H_0 为：行和列变量之间彼此独立，不存在显著的相关关系。通过 SPSS 的计算得到如表 3 - 13 所示的结果。

表 3 - 13　中文水平与中国文化了解程度的交叉联表卡方检验

	值	自由度	渐进显著性(双侧)
皮尔逊卡方	168.465	84	0.000
似然比(L)	155.800	84	0.000

续　表

	值	自由度	渐进显著性（双侧）
线性关联	37.372	1	0.000
有效样本数	493		

从表 3-13 可以看出，皮尔逊卡方 $\chi^2 = 168.465$，概率 $P = 0.000$，小于显著性水平 0.05，则拒绝原假设，可以认为行和列存在显著的相关关系，即来华留学生对中文的掌握程度与他们对中国文化的了解程度显著相关。也就是说，来华留学生不同的中文水平会导致他们对中国了解程度的显著差异。为了更直观地看到这一效应，我们通过图 3-10 进行说明，在能够自如应用中文的来华留学生群体中，仅有 1.4% 的人自评对中国文化的理解为 1—2 分，而这一数据在不懂中文的群体中达到了 14.3%。同理，能够自如应用中文的群体中，有 36.6% 的留学生对中国文化了解程度的自评分数在 4—5 分，而这一比例在能听懂中文的留学生群体中仅为 7.2%。因此，中文水平的提高，对于来华留学生加强对中国文化的理解至关重要。

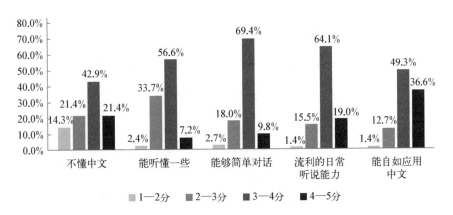

图 3-10　不同中文水平的留学生对中国文化了解程度的打分

（三）来华时间长短与留学生对中国文化了解程度的关系

按照常理推断，来华留学时间越长，留学生对中国文化了解的程度会越深。笔者对此问题也进行了调研分析。经过实证分析得知，来华留学时间

与留学生对中国文化的了解程度在 0.01 的显著性水平上正相关，相关系数
为 0.177（见表 3 - 14）。

表 3 - 14　来华留学时间与对中国文化了解程度的相关性

		来华留学时间	对中国文化的了解程度
来华留学时间	皮尔逊相关性	1	0.177**
	显著性（双尾）		0.000
	样本数	654	654
对中国文化的了解程度	皮尔逊相关性	0.177**	1
	显著性（双尾）	0.000	
	样本数	654	654

注：** 表示在 0.01 级别（双尾）的显著性水平上，相关性显著。

从表 3 - 15 的描述性统计可以看出，对中国文化了解程度的平均分，来
华 0—6 个月的留学生约为 3.36，来华时间 6—18 个月的留学生约为 3.40，
来华时间超过 18 个月的留学生约为 3.64。从平均值简单估计可以看出，来
华留学时间越长，留学生对中国文化了解程度的平均值越高。

表 3 - 15　来华留学时间与留学生对中国文化了解程度描述性统计

来华留学时间	平均值	样本数	标准差
0—6 个月	3.355 8	89	0.644 61
6—18 个月	3.403 7	135	0.649 17
超过 18 个月	3.643 4	430	0.660 50
总计	3.554 8	654	0.666 61

那么，在 0—6 个月、6—18 个月、超过 18 个月的 3 个组别样本中，留学
生对中国文化了解程度是否有显著性差异呢？通过交叉联表的卡方检验进

行验证,结果如表 3 - 16 所示。

表 3 - 16　来华留学时间与对中国文化了解程度交叉联表

			1—2 分	2—3 分	3—4 分	4—5 分	总计
来华留学时间	0—6 个月	计数	2	24	56	7	89
		占比/%	2.25	26.97	62.92	7.87	100.00
	6—18 个月	计数	5	37	77	16	135
		占比/%	3.70	27.41	57.04	11.85	100.00
	超过 18 个月	计数	10	69	273	78	430
		占比/%	2.33	16.05	63.49	18.14	100.00
总　　计		计数	17	130	406	101	654
		百分比/%	2.60	19.88	62.08	15.44	100.00

表 3 - 16 显示了来华留学时间不同的 3 个组别留学生对中国文化了解程度的打分,整理后以 1—2 分、2—3 分、3—4 分、4—5 分作为不同的分数区间,结果显示了不同分数区间的样本数以及样本比例。

对交叉联表进行卡方检验,结果如表 3 - 17 所示,皮尔逊卡方 $\chi^2 =$ 83.615,概率 $P = 0.000$,小于显著性水平 0.05,则拒绝原假设,可以认为行和列存在显著的相关关系,即来华留学生的来华时间与他们对中国文化的了解程度显著相关。也就是说,来华留学时间不同的留学生对中国文化了解程度显著不同。

表 3 - 17　来华留学时间与对中国文化了解程度交叉联表卡方检验

	值	自由度	渐进显著性(双侧)
皮尔逊卡方	83.615	42	0.000
似然比(L)	90.974	42	0.000

续　表

	值	自由度	渐进显著性（双侧）
线性关联	20.548	1	0.000
有效个案数	654		

图 3-11 可以更直观地显示不同留学时间的留学生群体对中国文化了解程度的打分情况。在来华时间 0—6 个月的样本中，有 7.9％的留学生对中国文化的了解程度在 4—5 分的区间；在留学时间 6—18 个月的样本中，有 11.9％的留学生对中国文化的了解程度在 4—5 分的区间；而在留学时间超过 18 个月的样本中，这一比例升高到 18.1％。

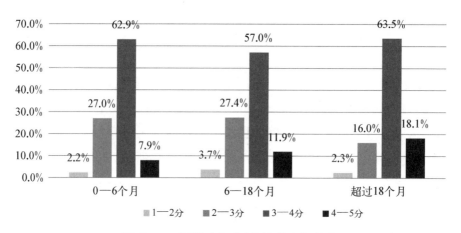

图 3-11　调研对象对中国文化了解程度

（四）华裔和非华裔留学生对中国文化了解程度的差异

本书中提到的华裔是指定居在国外的华人、已经取得中国以外的国籍者以及在国外出生、根据出生国的法律而拥有外国国籍者。本书对于来华留学生是不是华裔采用的是自我报告的方法，通过"您是否为华裔？"这道题目进行区分（见表 3-18）。

表 3-18　华裔与非华裔两个样本对中国文化了解程度的概况

	是否是华裔	样本数	平均值	标准差	标准误差平均值
对中国文化了解程度	是	192	3.642 4	0.648 97	0.046 84
	否	462	3.518 4	0.671 14	0.031 22

由表 3-18 的输出结果可以看出，在 654 个调研对象中，华裔有 192 人，非华裔有 462 人。华裔和非华裔留学生样本对中国文化了解程度的平均值分别约为 3.64 和 3.52，标准差分别约为 0.65 和 0.67，均值误差分别约为 0.05 和 0.03。T 检验显示（见表 3-19）：F 统计量的概率 $P=0.775$，大于 0.05 的显著性水平，不能拒绝方差相等的假设，也就是华裔和非华裔两个样本方差无显著性差异。再看表 3-19 中假定方差相等的 T 检验结果。T 统计量的概率 $P=0.03$，小于 0.05 的显著性水平，拒绝 T 统计量的原假设，接受备择假设，也就是说华裔和非华裔群体在对中国文化了解程度上存在显著差异。这一结论与公众的基本认知一致，华裔留学生群体延续着中华血脉，他们的父母或者祖父母让他们从小接触中华文化，因此他们对中国文化的了解程度相对于非华裔群体更高。

表 3-19　是否华裔两个独立样本对中国文化了解程度的 T 检验

		莱文方差等同性检验		平均值等同性 t 检验					
		F	显著性	T	自由度	显著性（双尾）	平均值差值	标准误差差值	差值95%置信区间
									下限	上限
对中国文化了解程度	假定方差相等	0.082	0.775	2.172	652	0.030	0.123 96	0.057 08	0.011 89	0.236 04
	假定方差不相等			2.202	368.368	0.028	0.123 96	0.056 29	0.013 27	0.234 65

（五）学业水平与对中国文化了解程度的关系

学业水平与中国文化了解程度是否存在关系呢？本书通过问卷调研了来华留学生的学业成绩。通过一道题目进行自我陈述，题干为："你认为自己的学业成绩排名为："，选项分别为："学业成绩在前1％～前20％""学业成绩在前20％～前40％""学业成绩在前40％～前60％""学业成绩在前60％～前80％""学业成绩在后20％"，共5个选项。

由相关分析得知，学业成绩与留学生对中国文化了解程度的皮尔逊相关系数的显著性为0.742，大于0.05的显著性水平，因此可以判定两者不相关（见表3-20）。也就是说，无论来华留学生的学业水平如何，与其对中国文化了解程度均不相关。二者交叉联表（见表3-21）以及交叉联表的卡方检验（见表3-22）也再次印证了这一结论。卡方检验的概率$P=0.263$，大于0.05的显著性水平，因此不显著，即学业水平与留学生对中国文化的了解程度不相关。

表3-20　学业成绩与对中国文化了解程度的相关分析

		对中国文化了解程度	学业成绩
对中国文化了解程度	皮尔逊相关性	1	0.013
	显著性（双尾）		0.742
	样本数	654	654
学业成绩	皮尔逊相关性	0.013	1
	显著性（双尾）	0.742	
	样本数	654	654

表3-21　学业成绩与对中国文化了解程度的交叉联表

			1—2分	2—3分	3—4分	4—5分	总计
学业成绩	前1％～前20％	计数	6	24	86	34	150
		占比/％	4.00	16.00	57.33	22.67	100

续 表

		1—2分	2—3分	3—4分	4—5分	总计
学业成绩	前20%~前40% 计数	4	20	59	14	97
	前20%~前40% 占比/%	4.12	20.62	60.82	14.43	100
	前40%~前60% 计数	4	23	44	9	80
	前40%~前60% 占比/%	5.00	28.75	55	11.25	100
	前60%~前80% 计数	0	29	106	20	155
	前60%~前80% 占比/%	0	18.71	68.39	12.90	100
	后20% 计数	3	34	111	24	172
	后20% 占比/%	1.74	19.77	64.53	13.95	100
总　计	计数	17	130	406	101	654
	占比/%	2.60	19.88	62.08	15.44	100

表 3-22 学业成绩与对中国文化了解程度交叉联表的卡方检验

	值	自由度	渐进显著性（双侧）
皮尔逊卡方	91.801	84	0.263
似然比(L)	99.730	84	0.116
线性关联	0.109	1	0.742
有效样本数	654		

第四节　来华留学生双文化认同整合现状研究

一、双文化认同整合的测量

关于双文化认同整合的测量，本研究采用 Benet-Martínez 等人于 2005

年提出的双文化认同整合量表，量表共 8 道题，题目如表 3 - 23 所示。

表 3 - 23　双文化认同整合量表

作为留学生，会同时感受到母国文化和当前所处的中国文化。请仔细阅读下面的每个陈述，并在最符合的数字上画○。	完全不同意	部分不同意	中立	部分同意	非常同意
1　我仅仅只是一个当前生活在中国的外国人	1	2	3	4	5
2　我把母国文化和中国文化分得很清楚	1	2	3	4	5
3　我感觉自己同时拥有母国文化和中国文化	1	2	3	4	5
4　我感觉自己是这两种文化结合的一分子	1	2	3	4	5
5　我感觉这两种文化的做事方式是相互冲突的	1	2	3	4	5
6　我感觉自己在母国文化和中国文化间自由切换	1	2	3	4	5
7　我感觉自己夹在母国文化和中国文化中间左右为难	1	2	3	4	5
8　我并不感到自己被困在母国文化和中国文化之间	1	2	3	4	5

资料来源：BENET-MARTÍNEZ V, HARITATOS J. Bicultural identity integration (BII)：components and psychosocial antecedents[J]. Journal of Personality，2005，73(4)：1015 - 1050.

其中部分题目为反向计分题。在数据处理过程中，通过 SPSS 的数据转换功能，按照把 1 分转换为 5 分、2 分转换为 4 分、4 分转换为 2 分、5 分转换为 1 分的规则，进行了反向计分，再通过 8 道题目的平均值计算双文化认同整合的数据值。经过检验，该量表具有良好的信度，内部一致性系数 Cronbach's α 为 0.702。

二、来华留学生双文化认同整合的总体情况

参照描述性统计可知：有效样本 654 个，双文化认同整合的平均值为 3.128，中位数为 3.125，方差为 0.247；最小值为 1.25，最大值为 4.75(最高为 5 分)。从图 3 - 12 可以更直观地看出，样本基本符合正态分布，大部分样本的双文化认同整合程度分布在 3 分左右。

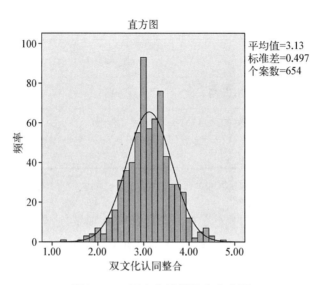

图 3‑12　双文化认同整合直方图

三、留学生的中文水平与双文化认同整合的关系

从双文化认同整合的概念可知，双文化个体要对母国文化和东道国文化都有所了解，能够在不同文化情境下自如转换，能够感知两种文化的互通性，并积极把两种文化内化于心。按照这个概念推断，中文学得好可以帮助来华留学生更有效地理解中国文化的内涵，更有效地对不同文化情境做出合理反应，因此应该可以提高其双文化认同整合的程度。

为此，我们通过调研问卷测试了不同中文水平下的双文化认同整合程度，获得两个变量的相关性（见表3‑24）。从相关性检验可以看出，来华留

表 3‑24　来华留学生的中文水平与他们的双文化认同整合的相关性

		中文水平	双文化认同整合
中文水平	皮尔逊相关性	1	0.167**
	显著性（双尾）		0.000
	样本数	493	493

续　表

		中文水平	双文化认同整合
	皮尔逊相关性	0.167**	1
双文化认同整合	显著性（双尾）	0.000	
	样本数	493	654

注：** 表示在 0.01 级别（双尾），相关性显著。

学生的中文水平与他们的双文化认同整合在 0.01 的显著性水平下高度相关，相关系数为 0.167，说明对东道国通用语言的掌握程度会影响个体对该国主流文化的了解，进而影响其双文化认同整合程度。

表 3-25 列出了来华留学生中文水平与双文化认同整合的交叉联表，可以看出有 42.19% 的样本双文化认同整合分数为 2—3 分，有 53.14% 的样本双文化认同整合分数在 3—4 分（最高为 5 分）。再看双文化认同整合程度较高的部分，有 11.27% 能自如应用中文的留学生双文化认同整合分数达到 4—5 分，而具备流利的日常听说能力的留学生双文化认同整合分数达 4—5 分的比例为 2.82%，在能够用中文简单对话的留学生中，双文化认同整合分数达 4—5 分的比例为 1.09%，而在不懂中文和仅能听懂一些中文的留学生中，双文化认同整合分数达 4—5 分的比例占比为 0。以上结果说明能够深刻理解东道国文化，并在内心与母国文化达到和谐而非冲突状态，离不开对东道国语言的熟练运用。

表 3-25　来华留学生中文水平与其双文化认同整合的交叉联表

			1—2 分	2—3 分	3—4 分	4—5 分	总计
中文水平	不懂中文	计数	0	8	6	0	14
		占比 /%	0	57.14	42.86	0	100
	能听懂一些	计数	4	37	42	0	83
		占比 /%	4.82	44.58	50.6	0	100
	能够简单对话	计数	2	79	100	2	183
		占比 /%	1.09	43.17	54.64	1.09	100

续　表

			1—2分	2—3分	3—4分	4—5分	总计
中文水平	流利的日常听说能力	计数	3	57	78	4	142
		占比/%	2.11	40.14	54.93	2.82	100
	能自如应用中文	计数	0	27	36	8	71
		占比/%	0	38.03	50.7	11.27	100
总　计		计数	9	208	262	14	493
		占比/%	1.83	42.19	53.14	2.84	100

经卡方检验(见表3-26)，在5组不同中文水平的来华留学生样本中，双文化认同整合的皮尔逊卡方 $\chi^2 = 130.437$，概率 $P = 0.011$，小于 0.05 的显著性水平，可以认为不同组别之间具有显著性差异。也就是说，中文水平不同的来华留学生，双文化认同整合程度有明显不同。这说明语言在文化交流中作为重要的媒介发挥着积极的作用，若要达到两种文化的融会贯通、自由切换并发展出内化的文化整合，确实无法逾越语言这一交流工具。

表3-26　中文水平与双文化认同整合交叉联表的卡方检验

	值	自由度	渐进显著性(双侧)
皮尔逊卡方	130.437	96	0.011
似然比(L)	121.911	96	0.038
线性关联	13.717	1	0.000
有效样本数	493		

四、来华留学时间与双文化认同整合的关系

是否来华留学时间越长，留学生的双文化认同整合程度就越高？Ward

等人对留学生的纵向跟踪数据证实,社会文化适应问题在留学生过渡的早期阶段最为严重,并且随着时间的推移会显著减少(Ward and Kennedy,1999)。为了进一步研究这一问题,我们对留学生来华时间与双文化认同整合的关系进行了研究。

结合表 3-27 和表 3-28 可以看出,在来华时间"0—6 个月""6—18 个月""超过 18 个月"的三类群体中,双文化认同整合的分数均主要分布在"2—3 分"和"3—4 分"这两个区间。留学生来华时间与双文化认同整合的卡方检验显示,皮尔逊卡方 $\chi^2 = 68.221$,概率 $P = 0.044$,在 0.05 的显著性水平下显著。结合图 3-13 来看,在双文化认同整合"4—5 分"的高分群体中,来华时间最短的"0—6 个月"的样本占比最高;在双文化认同整合程度较高,打分为"3—4 分"的群体中,来华时间"6—18 个月"的样本占比最高;在双文化认同整合程度一般,打分为"2—3 分"的区域,反倒来华时间最长的样本占比最高;在双文化认同整合程度最低的样本中,即打分为"0—1 分"的区域,三类群体的比例差不多。由此可以看出,虽然来华留学时间不同,留学生的双文化认同整合程度不同,但并不是来华时间越长,留学生的双文化认同整合程度就越高。也就是说,来华时间长,并不能自然而然地提升留学生的双文化认同整合水平。

表 3-27 来华时间与双文化认同整合的交叉联表

		1—2 分	2—3 分	3—4 分	4—5 分	总计
0—6 个月	计数	2	35	48	4	89
	占比/%	2.25	39.33	53.93	4.49	100.00
6—18 个月	计数	3	52	77	3	135
	占比/%	2.22	38.52	57.04	2.22	100.00
超过 18 个月	计数	11	200	208	11	430
	占比/%	2.56	46.51	48.37	2.56	100.00
总　　计	计数	16	287	333	18	654
	占比/%	2.45	43.88	50.92	2.75	100.00

表 3 - 28　来华时间与双文化认同整合卡方检验

	值	自由度	渐进显著性（双侧）
皮尔逊卡方	68.221	50	0.044
似然比（L）	69.300	50	0.037
线性关联	1.979	1	0.160
有效样本数	654		

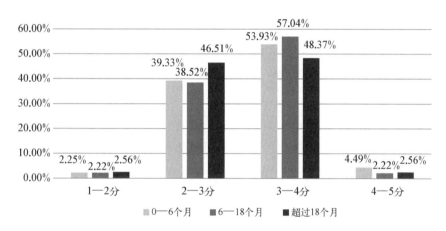

图 3 - 13　来华时间不同的三组样本双文化认同整合情况

五、是否华裔与双文化认同整合的关系

华裔留学生与非华裔留学生双文化认同整合程度是否有差异，我们可以通过两个独立样本的 T 检验进行验证。通过数据概况可知，华裔和非华裔两组留学生的双文化认同整合程度的平均值分别为 3.19 和 3.10。这两个独立样本的 T 检验如表 3 - 29 所示，F 统计量的概率 $P=0.375$，大于 0.05 的显著性水平，不能拒绝方差相等的假设，也就是华裔和非华裔两个样本方差无显著性差异。再看表 3 - 29 中假定方差相等的 T 检验结果，T 统计量的概率 $P=0.031$，小于 0.05 的显著性水平，拒绝 T 统计量的原假设，接受备择假设，也就是说华裔和非华裔留学生在双文化认同水平上存在差异。

表 3-29　是否华裔的两个独立样本关于双文化认同整合水平的 *T* 检验

		莱文方差等同性检验		平均值等同性 *t* 检验						
		F	显著性	*T*	自由度	显著性（双尾）	平均值差值	标准误差差值	差值95%置信区间	
									下限	上限
双文化认同整合	假定方差相等	0.789	0.375	2.158	652	0.031	0.091 90	0.042 59	0.008 28	0.175 52
	假定方差不相等			2.190	369.068	0.029	0.091 90	0.041 96	0.009 38	0.174 42

结合图 3-14,可以看到华裔留学生群体中双文化认同整合分数位于 3—4 分和 4—5 分的留学生比例略高于非华裔留学生,而双文化认同整合分数位于 0—1 分和 1—2 分的比例略低于非华裔留学生。这两个样本在统计学意义上存在差异,但是从均值来看,差异并不大。关于华裔和非华裔群体的比较,我们在下文中还将进一步讨论。

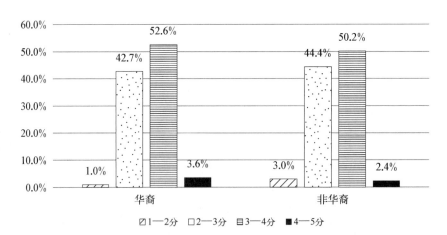

图 3-14　华裔与非华裔群体的双文化认同整合情况

六、学业水平与双文化认同整合的关系

经检验，来华留学生的学业水平与双文化认同整合的相关性不强，表 3－30 的卡方检验显示，皮尔逊卡方的显著性水平 $P=0.139$，大于 0.05 的显著性水平，说明不同学业成绩的组别中，双文化认同整合水平的差异不大。换句话说，留学生学习成绩好，并不意味着其双文化认同整合的水平就越高。

表 3－30 来华留学生的学业水平与双文化认同整合的卡方检验

	值	自由度	渐进显著性（双侧）
皮尔逊卡方	115.381	100	0.139
似然比（L）	112.873	100	0.179
线性关联	0.241	1	0.624
有效样本数	654		

第五节　本章小结

一、历史回顾：留学来华事业从起步阶段到高质量内涵式发展阶段

留学生教育是我国教育的重要组成部分，是我国教育对外开放重要展示窗口。从我国招收来华留学生的政策演变来看，来华留学教育主要经历了接受外国留学生的起步探索、来华留学生数量快速增长以及来华留学教育提质增效三个阶段。从这三个阶段可以看到我国高等教育国际化飞速发展进程的缩影。2010 年颁布的《留学中国计划》，对来华留学生的培养目标是：培养一大批知华、友华的高素质来华留学毕业生。而 2018 年颁布的《来华留学生高等教育质量规范（试行）》对来华留学生的培养目标更加丰

富,包括"学科专业水平""对中国的认识和理解""语言能力""跨文化和全球胜任力"等方面的内容。其中特别强调了来华留学生应当具备包容、认知和适应文化多样性的意识、知识、态度和技能,能够在不同民族、社会和国家之间的相互尊重、理解和团结中发挥作用。从来华留学生培养目标不断丰富和拓展上,我们可以看出,我国高等教育国际化的发展理念也在不断深化,来华留学教育从最开始追求数量增长转变到以"促进国际理解,培养具有国际视野和跨文化意识以及全球胜任力的国际公民"为目标。这正是教育对外开放实现高质量内涵式发展的有力证明,也是推动构建人类命运共同体理念的有力诠释。

诚然,来华留学生教育还存在一些薄弱环节。例如,学历生比例还需要提高,奖学金还是吸引留学生来华的重要因素,来华留学教育的质量还有待进一步提高,发达国家来华攻读博士学位的人数还需增加。因此,来华留学教育事业任重而道远,培养来华留学生认同中国,不断提高其双文化认同整合能力显得尤为重要且紧迫。

二、现状分析: 全国 26 所高校来华留学生认同中国的现状

为了解来华留学生认同中国及双文化认同整合的情况,本研究通过三级抽样的方法选择全国 26 所高校的 654 名来华留学生作为调研样本。该样本来自 127 个国家和地区,涵盖了我国来华留学生最多的 10 个省市,所在高校包括综合类大学、理工类院校、语言类院校和医学类院校等。样本总体具有较强的代表性。样本中 80% 的留学生具备一定的中文能力,能够用中文对话甚至具有流利的中文听说能力;65% 的留学生来中国已经超过一年半,他们对中国的总体印象颇佳,其中 85.86% 的留学生对中国的总体印象评分大于等于 7 分(最高为 10 分);超过 80% 的样本认同"中国是负责任的大国"以及"中国是和平发展的大国"这一观点。

笔者借鉴了国外学者文化智力量表中的"认知文化智力"量表(Ang et al.,2007),自行编制了来华留学生"对中国文化的了解程度"题项;运用双文化认同整合量表(Benet-Martínez and Haritatos,2005)考察来华留学生双文

化认同情况。调研结果表明：

（1）交叉联表及卡方检验显示，来华留学生对中文的掌握程度与他们对中国文化的了解程度显著相关，与其双文化认同整合程度也显著相关。这一结论证实了以往的研究：来华留学生的语言水平与其在华适应程度显著相关（文雯等，2014）。还有很多学者认为，语言能力对于留学生获得幸福感以及提高跨文化适应能力非常关键。与之相对应，语言上的障碍常常阻碍了留学生与东道国同伴进行社会互动（Yeh and Inose，2003），较低的语言水平可能预示着较高的文化适应挑战（Barratt and Huba，1994）。对于来华留学生而言，努力提高自身的中文水平，可以更好地理解中国文化和语言，更有效地做出相应的行为反馈，提高沟通有效性，因此中文好的留学生可以更深入地理解中国文化，增进对中国的认同，提升自身的双文化认同整合能力。

（2）来华留学时间长的留学生比留学时间短的留学生对中国文化的了解更广泛，但这不意味着前者的双文化认同整合程度更高。虽然留学生进入东道国的时间长短与其心理适应情况是否遵从"U形曲线"，目前学界还是众说纷纭，但是，随着时间的推移，来华留学生对中国文化的了解会越来越多，这一结论与以往研究一致。Ward的研究也证实了获取东道国的文化资本需要时间。一个学生在东道国居住得越久，其语言能力和社会技能会越好，从社会网络中获得的帮助就越多，进而能在日常生活中感受到更多的舒适和轻松（Ward and Kennedy，1999）。笔者也认为留学生学习中国文化需要时间，因此来华时间长短与留学生对中国文化的了解程度正相关。但是时间的累积并不会自然带来双文化认同整合水平的提高，本书第四—五章的量化研究和质性研究都证实了这一点。双文化认同整合需要双文化个体敞开心扉，愿意接受新鲜事物，尝试了解新的文化，主动结交新的朋友，在内心深处寻找母国文化与东道国文化的相似之处，并在外部行为上表现出两种文化的一致性，因此这绝不仅仅是时间累积的结果。现实中，有的个体在新文化环境中生活了很多年，最终仍然可能选择"分离"或者"边缘化"的适应策略。

（3）相比于非华裔留学生，华裔留学生对中国文化的了解程度更高，其双文化认同整合能力也越强。华裔留学生虽然可能出生在海外，成长在海外，从法律上说他们不是中国公民，但他们是华人的后代，与中国文化有着千丝万缕的联系。他们的父辈或者祖辈是华人，因此家庭中或多或少保留着中国文化的传统，他们从小就接触过中国文化。因此华裔留学生群体在对中国文化的了解程度以及双文化认同整合上呈现出更高的分数。

（4）来华留学生的学业水平与他们对中国文化的了解程度无显著相关性，与其双文化认同整合程度也无相关性。这也是一个非常有趣的发现，即无论来华留学生的学习成绩是否优秀，都不影响其对中国文化的了解，也不影响其双文化认同整合能力的提升。究其原因，笔者认为由于来华留学生分布在不同的专业中，学业水平只是代表了他们在某个专业领域内的知识掌握程度以及专业知识的运用能力，而对中国文化的了解以及双文化认同整合能力更多的是考察个体对中国文化的兴趣、对中国文化了解和钻研的程度，对相关文化知识的掌握程度以及在不同情境下运用不同的文化知识做出恰当的行为反馈。这一研究结论虽然证实了两者的不相关性，但是对于教育工作者却有着较大的启发。在实践工作中，往往那些学业成绩优秀的学生更可能成为"知华、友华"的留学生典型。而这一研究结论恰恰提醒我们，教育工作者更应该尽力关注到不同的留学生个体，因为那些成绩可能并不出众的来华留学生，也有极大的可能成为精通母国文化与中国文化的双文化个体，成为宣传中国文化的"代言人"，成为中国与世界沟通的一个桥梁。

第四章

量化研究：来华留学生认同中国的心理机制

上一章首先回顾了我国招收来华留学生的历史演变，分析了当前全国来华留学生招生的总体情况，并抽样调研了全国 26 所代表高校的来华留学生对认同中国的情况。本章将通过量化研究方法进一步探讨来华留学生认同中国的心理机制。首先，结合文献调研，我们寻找测量来华留学生认同中国的可测量变量。由于在学术上还没有来华留学生认同中国的成熟量表，因此本书选择心理学上的双文化认同整合量表进行测量。如果来华留学生双文化认同整合程度高，说明其对母国文化与中国文化的认同程度都较高，并且在内心形成了对两种文化的亲近感、和谐感以及统一感。根据文献研究，"文化智力"和"文化距离"是影响双文化认同整合的重要因素。访谈中笔者关注到一些负面因素会阻碍留学生认同中国，例如跨文化焦虑感和被排斥感，因此我们将"跨文化排斥敏感度"纳入模型中，通过理论推导构建有调节的中介效应模型，提出假设，并进行验证。在此过程中，我们把前一章中关注到的变量，例如"来华留学时间""是否华裔"等作为控制变量纳入模型进行检验，通过线性回归进行判断。我们只有清晰地了解来华留学生群体认同中国的主要影响因素以及影响因素的作用机制，才有可能通过教育手段，改善这些重要因素，从而增强留学生的中国认同感。

第一节　理论模型的构建

一、双文化认同整合与文化智力的关系

来华留学生认同中国指来华留学生对中国的正向评价以及对中国政治、经济、文化、社会等各方面的整体认同感。构建人类命运共同体，需要不同文明的交流互鉴，因此我们希望留学生在保留对本国文化认同感的基础上增强对中国的认同感，而不是完全被同化。在心理学上，有一个变量叫做双文化认同整合，我们借用这一心理学变量对来华留学生保留自身文化、加强对中国认同感的程度进行测量。双文化认同整合是指个体对原有文化和新文化的差异和联系进行整合的程度。从笔者修订后的双文化认同整合量表来看，"我仅仅只是一个当前生活在中国的外国人""我感觉这两种文化的做事方式是相互冲突的""我感觉自己是这两种文化结合的一分子"等几个问题，不仅考察的是留学生对母国与中国文化上的认同，而且包含价值观层面的认可和赞同程度。双文化认同整合量表能够测量来华留学生对母国文化以及中国文化内在的文化身份取向，测量两种文化在个体身上的整合与分离、和谐与冲突的程度。

文化智力由英国学者 Christopher Earley 和新加坡学者 Soon Ang 最早提出。他们认为文化智力（cultural intelligence，CQ）是指个体面对新文化时，会通过对收集和处理的信息做出判断，并据此采取措施来适应新的文化环境的能力（Ang and Van，2003）。他们认为文化智力由三部分组成，这三部分缺一不可，分别是头（认知）、心（动机）和身体（行动）。

文化智力的"头"即认知，指的是战略性的思考方式，也就是运用自身感悟能力和分析能力来认识新文化的关键特征。其中有两个方面：具体学习如何学习的策略以及文化直觉。文化智力的"心"即动机，意味着融入新文化的意愿、动力和信心。这种动机主要体现在自我效能感、个人价值观与拟融入文化价值观的一致性以及目标集中性上。缺乏动机的人很可能在新文

化中遇到挫折时采取逃避策略，而高动机的人即使面对挫折也有信心要重
新投入。文化智力的"身体"是即行动，具体指做出与自己的认知和动机相
一致的行为。双文化个体即使有敏锐的思维能力、清晰的跨文化认知和强
烈的融入动机，如果不付诸行动，也无法实现跨文化适应。认知、动机和行
动是文化智力中的三个不可或缺的组成部分，三个部分相辅相成，不可分
割。具备在新文化环境中敏锐的感知能力，才能洞察新文化与原有文化的
差异，也就拥有更强的自信和意愿融入新的文化。在丰富的跨文化认知以
及强烈的动机推动下，个体才能够在新文化中表现出合适的行为，迅速融入
新的文化。要想提高文化智力，需要提高文化智力中的这三个重要组成部
分，缺一不可。

Soon Ang 等根据此前的研究把文化智力扩充到四个维度，并开发了文
化智力测量量表（CQS）。该量表中文化智力的四个维度分别是：元认知文
化智力、认知文化智力、动机文化智力以及行为文化智力。元认知文化智力
是指个体跨入新的文化环境中所具备的跨文化的意识和直觉。元认知文化
智力高的个体，多具有从跨文化规则和范式切入的战略性思考能力。认知
文化智力是指双文化个体对不同文化背景下的规则、习俗、规范具有相应的
了解，能够有效理解新文化情境下的价值规则和社会体系。动机文化智力
是个体相信自己能够适应不同文化的自信心和驱动力。行为文化智力指双
文化个体在行动上的灵活性，能够根据不同的文化情境做出合适的行为反
应，优雅而得体（Ang et al.，2007；Earley and Ang，2003）。

研究发现文化智力会影响个体的工作绩效。例如，在商业环境中，外国
员工的文化智力与他们的决策质量、任务绩效正相关（Ang et al.，2007）。
此外，具备高文化智力的职业经理人更乐于分享想法，且具备更有效的跨文
化合作能力（Chua，Morris and Mor，2012）。此外，高文化智力还能改善跨
文化谈判效果，提高外派人员的工作效率和销售业绩（Chua，Morris and
Mor，2012）。

文化智力对文化判断与策略选择有显著的预测作用（Ang et al.，2007）。
由此可知，文化智力高的个体可能会更多地选择双文化认同整合策略，通过
加强原有文化与新文化之间的认知联系来解决由文化差异引起的冲突，以此

来适应新环境的变化(叶宝娟、方小婷,2017)。因此,高文化智力对个体的双文化认同整合有促进作用。此外,实证研究也发现,少数民族预科生的文化智力可以正向预测其双文化认同整合水平(叶宝娟、方小婷,2017)。

基于文化智力理论以及相关实证研究,现提出本研究的第一个假设。

H1：来华留学生的文化智力对其双文化认同整合水平有正向预测作用。

二、跨文化排斥敏感度的中介作用

跨文化排斥敏感度是由香港理工大学学者 Melody Manchi Chao 在关于亚裔美国人拒绝敏感性(Chan and Mendoza-Denton,2010)相关研究的基础上提出的。她指出,对于生活在本土文化中的人来说,与来自其他文化的跨文化者的感受可能完全不一样,因为他们定义了社会的主流文化。然而,对于迈入新文化的个体来说,跨文化接触是不可避免的,他们原有的思维模式、原有的信仰和价值观可能与最初的跨文化接触产生反效果,以至于让他们左右为难。一方面,这些原有的信念阻碍了双文化个体接受新的文化,他们不愿意与来自东道国的人打交道,因为这种沟通会让他们感觉到困难和焦虑。另一方面,尽管双文化个体不情愿,但是他们与东道国的人的互动是不可避免的。这种想要避开与东道国的人打交道的主观愿望与实际上不能避免的矛盾引起了他们的排斥焦虑感。旅居者来到新的文化中,由于文化差异而引起的出于对被拒绝经历的焦虑以及对被拒绝的预期被称为跨文化排斥敏感度。跨文化排斥敏感度由两部分组成：被拒绝的可能性和对被拒绝的担忧。这两部分中的一部分的影响会放大另一部分的影响(Chao, Takeuchi and Farh,2017)。

文化智力可能削弱跨文化排斥敏感度带来的消极影响。学习过程理论认为,跨文化适应的过程是不断学习的过程,交际方式、交往态度等会通过影响双文化个体在新的文化环境中的"不确定性和感知到被排斥的焦虑程度"来影响个体的文化认同整合水平(Stephan,Stephan and Gudykunst, 1999)。其中,感知到被排斥的焦虑程度是跨文化排斥敏感度的重要维度。

文化智力水平高的留学生，他们收集和处理与东道国有关信息的能力较强，容易构建更多与东道国文化相适应的知识库（Chao，Takeuchi and Farh，2017）。而这些知识库的建立，使得个体采取更多有利于与东道国人交往的方式和态度，进而缓解因跨文化带来的不确定感和焦虑感，从而降低跨文化排斥敏感度带来的负面影响。此外，跨文化排斥敏感度也会受到关系流动性的影响。对于来华留学生来说，来到一个陌生的文化环境之后，他们基于个人偏好选择和建立新关系的机会变少，即与他人间的关系流动性会由强变弱。已有研究表明，低关系流动性感知会导致高水平的跨文化焦虑感（Lou and Li，2017）。但当个体的文化智力水平较高时，即个体采取措施适应新环境的能力越强，他们与他人间的关系流动性就不容易受到新文化的影响，进而使其跨文化排斥敏感度有所降低。但是尚未有研究探讨文化智力与跨文化排斥敏感度的关系。由此，笔者推测，来华留学生的文化智力对其跨文化排斥敏感度有负向预测作用。

此外，以往的研究表明，跨文化排斥敏感度对双文化认同整合具有消极影响。来华留学生在初次接触东道国文化的过程中，其高度的跨文化排斥敏感度会引发负面体验。它会通过限制个体注意力、产生认知偏差的方式引发过度反应，使个体变得高度警惕（Islam and Hewstone，1993），并导致内外化问题的产生，如抑郁和社交退缩、愤怒和敌意，甚至攻击行为（Chan and Mendoza-Denton，2010）。随着个体对跨文化排斥敏感度的认知偏差越来越严重，这些反应会螺旋上升，形成一个自我证实的恶性循环，从而引发难以避免的消极情绪（Ayduk，Gyurak and Luerssen，2008）。因此，具有较高跨文化排斥敏感度的个体会把注意力集中在自我消极证实的信息上，并更有可能面临人际关系上的困难，阻碍了其与东道国的人建立联系，进而不利于他们进行双文化认同整合，阻碍他们在母国文化与东道国文化之间的有效转换。

综上，文化智力越高的来华留学生，越倾向于通过接纳东道国的文化来降低跨文化排斥敏感度带来的负面影响，而具有低排斥敏感性的个体会更好地适应并融入新环境，从而提高个体的双文化认同整合能力。由此，提出本研究的第二个假设。

H2：来华留学生的跨文化排斥敏感度在来华留学生文化智力和双文化认同整合的关系中起中介作用。

三、文化距离的调节作用

文化距离的概念由心理距离的概念演变而来，它指两个国家社会文化体系之间差异的程度，包括气候环境、饮食、语言、价值观等方面。文化距离理论由 Babiker 等人（1980）提出，他们开发了文化距离量表，以测量旅居者母国文化环境与其所移居的文化环境中社会和自然方面的差异。这里所说的距离是指受访者主观感受到的文化距离，也称感知文化距离。文化距离越大，说明跨文化者母国文化与东道国文化的差异越大，共同点越少，跨文化者感受到的距离感和陌生感越强，承受的文化压力越大，文化适应就越困难。文化距离关注的是跨文化比较，而不是将文化适应作为一个过程。文化距离量表是一种测量工具，它能够在一组参数上比较任何两种文化，并将此作为它们之间的相似性或差异的指标。Babiker 在以爱丁堡大学的留学生为样本进行文化距离测试时发现，与文化距离显著相关的心理学因素是焦虑。一个人在陌生的环境中会感到焦虑，这似乎是合理的。这里所说的焦虑是指情绪的焦虑，而不是精神病学科诊断上的焦虑症（Babiker，Cox and Miller，1980）。

在此后的研究中，文化距离问卷经常被用来验证文化距离与文化适应之间的关系，文化距离问卷的科学性不断得到验证。跨文化适应中的学习过程理论认为，文化距离也会通过影响个体的不确定感和所感知的被排斥的焦虑感进而影响个体的跨文化适应（Stephan，Stephan and Gudykunst，1999）。有学者发现，两种文化之间的差距越大，更容易产生不同的社会互动模式，从而进一步引起不良的适应结果（Searle and Ward，1990）。文化距离涵盖了两种文化中物理和社会方面的差异性与相似性，即两种文化之间的差距越大，两种文化间的融合就越困难，因此文化距离是影响旅居者体验到的压力与适应问题的调节变量（Babiker，Cox and Miller，1980）。实证研究也发现，感知两种文化之间距离越大的留学生，文化适应越困难（Searle and Ward，1990），其幸福感也越低（Demes and Geeraert，2014）；文化距离能够预测旅居者对于文化适应策略的选择（Bardi，Guerra and Ramdeny，2009）。由此可知，感知两种文化距离越小的留学生，更容易完成识别和解释东道国输入的信号，从而采取更多的文化适应策略来与他人建立关系，并进行相应的互动，以此提升适应能力和幸福感，进而缓解跨文化排斥敏感度带来的消极影响。基于跨文化适应中的学习过程理论和文化距离的相关研究，笔者提出本研究的第三个假设。

H3：文化距离正向调节文化智力与跨文化排斥敏感度的作用关系，即与文化距离远的来华留学生相比，文化智力对文化距离近的来华留学生的跨文化排斥敏感度的影响更大。

结合跨文化排斥敏感度的中介作用假设 H2 和文化距离的调节作用假设，本研究提出文化距离调节"文化智力—跨文化排斥敏感度—双文化认同整合"中介效应的假设 H4。

H4：文化距离正向调节跨文化排斥敏感度在文化智力与双文化认同整合之间所起的中介作用，即与文化距离远的来华留学生相比，文化距离近的来华留学生的跨文化排斥敏感度所起的中介效应更大。

综上所述，我们发现在留学生中文化智力与双文化认同整合存在相关关系，但关于两者间的内在关系及跨文化排斥敏感度和文化距离对其影响的机制研究还不深入。因此，本研究拟选取来华留学生为研究对象，构建一个有调节的中介模型，探讨文化智力对双文化认同整合的影响，并检验跨文化排斥敏感度的中介作用和文化距离的调节作用。图 4-1 为构建的模型。

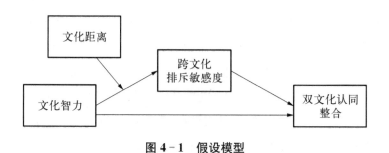

图 4-1　假设模型

第二节　研究方法与研究工具

一、被试和程序

本研究采取整群抽样，以某"双一流"建设高校学位留学生为研究对象，所有被试均知情同意，共回收问卷 816 份，其中有效问卷 707 份，有效率为 86.6%。其中男生占比 58.3%，非华裔占比 60.8%，留学时间长于 18 个月的占比 58.1%，中文水平 HSK5 级或以上的占比约为 36%。被试分别来自 6 大洲的 82 个国家和地区，其中，来自亚洲的人数为 419 人，来自欧洲的有 140 人，来自北美洲的有 51 人，南美洲 37 人，非洲 34 人，大洋洲 15 人，未填国籍的有 11 人，调查人数居前十的国籍分别为马来西亚（占比 12.30%）、巴基斯坦（占比 12.16%）、韩国（占比 8.06%）、日本（占比 7.21%）、法国（占比 4.81%）、美国（占比 4.38%）、俄罗斯（占比 3.82%）、印度尼西亚（占比 2.83%）、德国（占比 2.55%）、泰国（占比 2.12%）。

问卷分中英文两种，中文问卷采用心理学研究生回译法汉化的核心变量量表。为确保量表的信度和效度，问卷制定后笔者邀请了 15 位来华留学生进行问卷预测试，并就反馈意见和建议对题项进行反复修改，并最终确定问卷。本研究采用 SPSS 19.0 进行描述统计、相关分析和宏程序 Process 插件进行有调节的中介效应模型分析。

二、研究工具

（一）文化智力

采用 Ang 等（2007）编制的文化智力量表（the cultural intelligence scale, CIS）。该量表共 20 题，含 4 个维度，分别为元认知文化智力、认知文化智力、动机文化智力和行为文化智力。在量表中，元认知文化智力包括 4 道题目，比如"当与陌生文化中的人们交往时，我会调整自己的文化常识"。认知文化智力包括 6 道题目，比如"我了解中国文化的价值观和宗教信仰"。动机文化智力用"我确信自己可以处理适应新文化所带来的压力"等 5 道题目进行测试。行为文化智力包括 5 道题目，比如"我根据跨文化交往的情境需要而改变自己的面部表情"。该量表为 5 点评分，1 表示完全不同意，5 表示完全同意，分数越高表明文化智力越高。本研究中 4 个维度的 Cronbach's α 系数分别为 0.82、0.83、0.80 和 0.78，总量表的 Cronbach's α 系数为 0.87。

（二）跨文化排斥敏感度

采用 Chao 等（2017）编制的跨文化排斥敏感度量表（intercultural rejection sensitivity measure，IRSM）中的"被排斥的焦虑关注"这个分量表，共 10 题。该量表为 5 点评分，1 表示非常不担心，5 表示非常担心，分数越高表明跨文化排斥敏感度越高。量表中的问题都是与留学生学习和生活息息相关的问题。例如，"假如有一天你所在的课堂上，大多数学生都是本土学生。教授让学生们分组完成课堂作业。你会担心因为你是外国人，而被排除在外吗？"以及"假如有一天你所在的课堂上，大多数学生都是本土学生。教授问了一个特殊的问题，有一些学生包括你在内，举手回答这个问题。你会担心因为你是外国人，所以教授不会选你回答问题吗？"本研究中的 Cronbach's α 系数为 0.91。

（三）文化距离

采用由 Black 和 Stephen（1989）编制的感知文化距离英文量表，共 8 题。该量表为 5 点评分，1 表示非常相似，5 表示非常不同，分数越高表明两个国家的文化差异越大。题项内容包括日常习俗、生活条件、医疗设施、交通、生活开支、食物、气候和居住条件。与最初 Babiker 等（1980）编制的文化距离量表相比，这一量表去掉了宗教信仰等相关的题目。本研究中的 Cronbach's α 系数为 0.80。

（四）双文化认同整合

采用 Benet-martinez 和 Haritatos（2005）编制的双文化认同整合量表

(bicultural identity integration scale-version1, BIIS-1)。该量表共 8 题，包含 2 个维度：文化混合与区分以及文化和谐与冲突。该量表为 5 点评分，1 表示完全不同意，5 表示完全同意；将部分题目进行反向计分，分数越高表明双文化认同整合程度越高。本研究中 2 个维度的 Cronbach's α 系数分别为 0.69 和 0.62。

第三节　有调节的中介效应模型检验

一、共同方法偏差检验

为避免因自我报告方式所收集的数据可能存在共同方法偏差，本研究借鉴 Harman 的单因素检验方法（周浩、龙立荣，2004），对共同方程偏差进行了检验。因素分析共抽取出 11 个特征根大于 1 的因子，首因子的解释率为 15.38%，表明本研究不存在严重的共同方法偏差。

二、相关分析

使用文化智力、跨文化排斥敏感度、文化距离与双文化认同整合的平均分进行相关分析，结果发现，文化智力与跨文化排斥敏感度、文化距离显著负相关，与双文化认同整合显著正相关；跨文化排斥敏感度与文化距离显著正相关，与双文化认同整合显著负相关；文化距离与双文化认同整合显著负相关。具体结果如表 4-1 所示。

表 4-1　文化智力、跨文化排斥敏感度、文化距离与
双文化认同整合的相关分析

	M	SD	1	2	3	4
1. 文化智力	3.76	0.48	—			
2. 跨文化排斥敏感度	2.92	0.89	-0.12^{**}	—		

续　表

	M	SD	1	2	3	4
3. 文化距离	3.42	0.69	-0.09^*	0.18^{**}	——	
4. 双文化认同整合	3.12	0.58	0.21^{**}	-0.30^{**}	-0.32^{**}	——

注：$^* p < 0.05$，$^{**} p < 0.01$，$^{***} p < 0.001$。

三、研究过程和结果

所有变量先进行标准化处理，然后在控制性别、是否华裔和留学时间的情况下，分两步来分析有调节的中介效应。采用 SPSS 宏程序 Process 进行该分析过程。采用偏差校正的百分位 Bootstrap 方法检验，重复取样 5 000次，计算 95% 的置信区间，具体结果如表 4-2 所示。

表 4-2　文化智力对双文化认同整合的影响

模　　型		未标准化系数		标准化系数	T	显著性
		B	标准误差	Beta		
1	（常量）	2.174	0.173		12.592	0.000
	文化智力	0.251	0.045	0.208	5.514	0.000

注：因变量为双文化认同整合。

第一步，检验简单中介模型。首先，检验文化智力对双文化认同整合的影响，回归分析表明（见表 4-3），文化智力可以显著提高双文化认同整合程度（$\beta = 0.21$，$p < 0.001$），假设 H1 得到验证。接着，检验跨文化排斥敏感度在文化智力与双文化认同整合之间的中介作用。将跨文化排斥敏感度纳入回归方程后，如表 4-3 所示，文化智力对双文化认同整合的正向预测作用依旧显著（$\beta = 0.17$，$p < 0.001$），文化智力可以显著抑制跨文化排斥敏感度（$\beta = -0.12$，$p < 0.01$），跨文化排斥敏感度显著负向预测双文化认同整合（$\beta = -0.26$，$p < 0.001$），中介效应值为 0.03（$SE =$

0.01)，95％的置信区间为[0.01，0.05]，不包含0，说明跨文化排斥敏感度在文化智力与双文化认同整合间起中介作用，假设H2得到验证。此外，研究结果还表明，性别和来华留学时间在模型2中都不显著，印证了前文的观点，时间的累积并不会自然地带来双文化认同整合程度的提升。模型2还显示了华裔的身份背景显著正向预测双文化认同整合程度（$\beta = 0.40，p < 0.001$）。这也与前文的结论一致，华裔留学生双文化认同整合的程度比非华裔留学生更高。

表4-3 文化智力与双文化认同整合的关系：有调节的中介效应

预测变量	模型1 跨文化排斥敏感度（第一步）			模型2 双文化认同整合（第一步）			模型3 跨文化排斥敏感度（第二步）		
	B	SE	T	B	SE	T	B	SE	T
性别	−0.15	0.08	−1.93	−0.02	0.07	−0.28	−0.16	0.07	−2.19*
华裔	−0.19	0.08	−2.53*	0.40	0.07	5.59***	−0.13	0.08	−1.73
留学时间	−0.02	0.08	−0.27	−0.05	0.07	−0.69	−0.01	0.08	−0.19
文化智力	−0.12	0.04	−3.06**	0.17	0.04	4.82***	−0.09	0.04	−2.26*
跨文化排斥敏感度				−0.26	0.04	−7.31***			
文化距离							0.14	0.04	3.76***
文化智力×文化距离							0.08	0.03	2.59**
R^2	0.03			0.16			0.06		
F	5.13***			26.20***			7.97***		

注：* $p < 0.05$，** $p < 0.01$，*** $p < 0.001$。

第二步，检验文化距离的调节效应。将文化智力、文化距离及二者的乘积项作为自变量，将跨文化排斥敏感度作为因变量，文化智力对跨文化排斥敏感度有显著负向预测作用（$\beta = -0.09, p < 0.05$），文化距离对跨文化排斥敏感度有显著正向预测作用（$\beta = 0.14, p < 0.001$），同时文化智力和文化距离的乘积项也可以显著影响跨文化排斥敏感度（$\beta = 0.08, p < 0.01$），这表明文化距离对文化智力和跨文化排斥敏感度的关系起调节作用，假设 H3 得到支持。

为了更加直观地展示文化距离的调节作用，通过取不同水平的文化距离（均值±标准差）来进行调节效应图的绘制。如图 4-2 所示，在文化距离近的来华留学生群体中，文化智力对跨文化排斥敏感度的负向预测作用更加显著。

接下来，进一步检验文化距离对中介效应的调节作用。由表 4-4 可知，在文化距离近的来华留

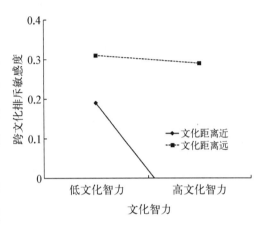

图 4-2　文化距离的调节作用

学生中，文化智力通过跨文化排斥敏感度对其双文化认同整合的间接效应更为显著，中介效应值为 0.043（$SE = 0.013$），95% 的置信区间为 [0.018, 0.069]，不包含 0；但是在文化距离远的来华留学生中的间接效应不显著，中介效应值为 0.001（$SE = 0.015$），95% 的置信区间为 [-0.029, 0.030]，包含 0。二者的中介效应具有显著差异，差别值为 0.042（$SE = 0.018$），95% 的置信区间为 [-0.078, -0.006]，不包含 0，因此，文化距离能够显著调节"文化智力—跨文化排斥敏感度—双文化认同整合"中介效应，即假设 H4 得到验证。

表 4-4　跨文化排斥敏感度的中介效应

中介变量	文化距离	间接效应值	标准误	95%置信区间	
				下限	上限
跨文化排斥敏感度	文化距离近	0.043	0.013	0.018	0.069
	文化距离远	0.001	0.015	-0.029	0.030
	差异性	0.042	0.018	-0.078	-0.006

第四节　影响双文化认同整合的
重要心理因素分析

一、文化智力正向预测双文化认同整合

从主效应分析来看，以往的研究多关注文化智力与跨文化适应之间的关系，却很少直接关注文化智力对双文化认同整合的影响。我们假定来华留学生的文化智力水平是双文化认同整合的重要影响因素（假设1）。实证分析结果表明，来华留学生的文化智力对其双文化认同整合有显著的正向预测作用。这是对 Soon Ang（2016）等所提出的"文化智力在解释跨文化适应上具有显著意义"的研究结论的进一步拓展和深化。以往针对美国高校留学生的研究证实了文化智力的4个维度都是预测跨文化调整的重要因素（Shu，Mcabee and Ayman，2017）。本研究验证了来华留学生群体中"文化智力对于文化适应的重要作用"（Ward and Fischer，2008），并且进一步明确了在中国文化情境下，来华留学生文化智力与文化适应的关系。当面对中国新的文化环境时，文化智力高的来华留学生能较好地融合母国文化与中国文化，可以游刃有余地在两种文化间进行自由切换，从而有效提高自身双文化认同整合的程度。

二、跨文化排斥敏感度起中介作用

本研究发现跨文化排斥敏感度在文化智力和双文化认同整合之间起中介作用。该中介作用也证明了跨文化适应中的学习过程理论（Stephan，Stephan and Gudykunst，1999）的适用性。结合该理论可知，文化智力高的个体更倾向于采取更多的积极策略建构与东道国文化相适应的知识库（Chao，Takeuchi and Farh，2017），而这可以促进个体采取更多有利于与东道国人交往的方式和态度，进而缓解跨文化排斥敏感度带来的消极影响，提

高自身双文化认同整合水平(Stephan，Stephan and Gudykunst，1999)。此外，当面对两种不同的文化时，文化智力高的个体能较好地将不同的文化元素与自身相融合，以此可以感知到更少的文化冲突，相应地，个体也会较少体验到焦虑、抑郁等负面情绪(叶宝娟、方小婷，2017)。而这些也会相应地减弱跨文化排斥敏感度带来的消极自我认知偏差，从而使个体逃离自我消极证实的恶性循环(Romero-Canyas et al.，2010)，帮助个体更好地建立与东道国的联系，并可以灵活地在两种文化间进行切换(周爱保、侯玲，2016)，进而提高自身双文化认同整合水平。本研究关注了双文化认同整合过程中跨文化排斥敏感度的抑制作用，弥补了以往研究对抑制因素关注的不足。

三、近文化距离是文化智力发挥作用的重要边界条件

Galchenko 等学者通过对在俄罗斯的 168 名交换生的研究发现，文化距离越远的个体，心理适应和社会适应就越差(Galchenko and Van De Vijver，2007)。蔡妤荻(2018)针对在汉族聚居区的高校的少数民族大学生调查发现，文化距离不仅直接影响个体的文化适应，还通过文化认同间接影响个体的文化适应。本研究支持以上结论，模型 1 验证了文化智力对于降低跨文化排斥敏感度的显著作用，模型 3 在加入文化距离以及文化智力与文化距离的交互项之后，解释度较模型 1 得到了明显改善($\triangle R^2 = 3\%$，$\triangle F = 2.84$，$P < 0.001$)。这说明近文化距离是文化智力发挥作用的重要边界条件，文化距离的调节效应得到验证(假设 3、假设 4)。与文化距离远的来华留学生相比，文化距离近的来华留学生通过自身的文化智力降低跨文化排斥敏感度以提高双文化认同整合水平的效果更显著。文化距离越近的个体，在发挥文化智力的积极作用时，会产生更多的同化和更少的顺应，而较多的同化更有利于在原有文化与新文化的知识库之间建立更稳固的联系，而这种联系可通过降低跨文化排斥敏感度促进个体的双文化认同整合。此外，从班杜拉的交互决定论(即人与环境是相互作用的)可以推断，文化差异越小的文化环境，更有利于个体进行自我调节，更好地发挥文化智力对来华留学生双文化认同整合的提升作用。

四、研究启示

以往研究发现,双文化认同整合不是一成不变的心理特质,它具有可塑性和建构性(Ang et al.,2007;唐宁玉等,2010)。本研究的结果可以从一个新的理论视角来看待如何提高来华留学生的双文化认同整合水平,从而增强来华留学生对中国的认同感。

首先,从文化智力的角度来看,有学者已经认识到文化智力是一种可以通过经验发展的个人属性并鼓励关于文化智力前因变量的研究。研究表明,文化智力可通过后天的培养而提高(Earley and Ang,2003;唐宁玉、洪媛媛,2005)。体验式学习被视为促进文化智力发展的重要因素。Erez 等学者采用建构主义、协作式的经验学习方法来教育和培训全球管理者,他们设计了一个为期 4 周的在线虚拟多元文化团队项目,并测试了该项目对管理专业学生文化智力、全球认同和本地认同发展的影响。共有 1 221 名管理学研究生被分配到 312 个虚拟多元文化团队参加一个为期 4 周的项目。研究发现,文化智力和全球认同(而不是本地认同)随着时间的推移显著提升,并且这种影响在项目结束后还持续了 6 个月。信任感调节了文化智力对个体全球认同的影响,在中等到较高的信任水平下显著(Erez et al.,2013)。这预示着高校留学生管理者可以通过开展与文化智力有关的讲座、竞赛,或者将提升文化智力作为来华留学生的必修课,从而削弱跨文化排斥敏感度带来的消极影响,使其更好地融入并适应新环境。

其次,从文化距离的角度来看,高校管理者如辅导员等,要对与我国文化差异较大的留学生给予更多的关注与引导,鼓励其多和中国同学或者其他国家和地区的留学生交流,以此提高自身的适应能力和双文化认同整合水平。

最后,从跨文化排斥敏感度来看,本研究证实了跨文化排斥敏感度在留学生文化智力和双文化认同整合之间起中介作用。教育管理者应该关注到跨文化排斥敏感度高的来华留学生可能会在双文化认同整合中遇到阻碍。之前的研究已经证明,内隐的文化信念可以导致一个人感知到明显的文化鸿沟，形成自我实现的恶性循环，影响其可能的跨文化行为（chao，2017），进而影响其双文化认同整合程度。对于跨文化排斥敏感度高的个体而言，尽管他们不愿意沉浸在外国文化中，但他们可能会因为出国留学或感知工具价值而有出国留学的动机。他们内隐的文化信念导致了较高的跨文化排斥敏感度，这与他们需要沉浸在东道国文化中以获取跨文化技能的需求不一致。因此，教育管理者应该关注到个体跨文化排斥敏感度的差异，通过有效的教育手段和方式，例如跨文化培训和充分的社会支持，努力降低来华留学生的跨文化排斥敏感度，让他们敞开心扉，乐于接受新的文化，有效避免由于自己是外国人而感到的被排斥感以及对于这种排斥的担心，帮助其减少跨文化适应的排斥敏感度及相关的消极自我实现体验，从而让留学生拥有更多的积极跨文化接触体验。

第五节　本章小结

随着人们跨文化接触的增多，越来越多的人需要面对、吸收并内化两种文化。对于来华留学生来说，整合双文化的意义重大，这不仅仅将帮助他们跨入留学国的地理空间，更是"迈入一个蕴含体验和收获的社会空间"（马佳妮，2020）。

本章选用笔者修订后的双文化认同整合心理学量表作为测量的工具，考察来华留学生在保留对本国文化认同的基础上对中国的整体认同程度。该量表在跨文化领域被广泛使用，具有较高的信度和效度，能够测量两种文化整合与分离、和谐与冲突的程度。本章在研究方法上采用量化研究的方式探索了来华留学生双文化认同整合的心理机制及过程。基于跨文化适应中的学习过程理论，我们揭示了影响双文化认同整合的重要前因变量，并对其中复杂的数量关系进行清晰地呈现（见图4-3）。经过对有调节的中介变量模型的验证，研究结果表明：文化智力对双文化认同整合具有显著的正向影响；跨文化排斥敏感度在文化智力和双文化认同整合之间起中介作用；文化智力通过跨文化排斥敏感度影响来华留学生的双文化认同整合。跨文化排斥敏感度的中介效应受到文化距离的调节。华裔留学生的双文化认同整合程度显著高于非华裔留学生。有调节的中介效应揭示了来华留学生的文化智力作用于其双文化认同整合的内在机制和边界条件,对于深化跨文化适应理论和实现来华留学生教育培养目标具有重要意义。

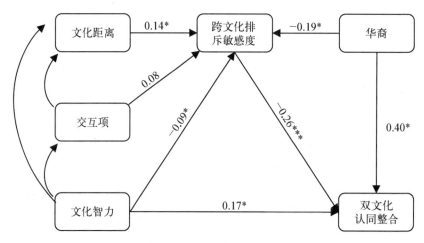

图4-3 双文化认同整合的心理机制

文化智力可以通过国际经验的积累以及积极的跨文化接触体验等方式来提高,而跨文化排斥敏感度可能与个人特质或社会支持有关。双文化认同整合的模型框架为后续来华留学生认同中国的研究提供了基础,也为获得有效的干预措施以及积极的促进策略提供了理论基础。

从高校管理实践角度看,为提高来华留学生的双文化认同整合水平,可以从提高留学生的文化智力,降低其跨文化排斥敏感度,以及缩短文化距离几个路径来考虑对策。以往研究发现,文化智力是具有可塑性和建构性的一种心理特质(唐宁玉等,2010),是可以通过后天的培养而提高的。增强国际经验被证实是提高文化智力的有效方法(Chao, Takeuchi and Farh, 2017)。高校管理者可以通过文化智力的相关课程或专题讲座、工作坊等形式提升来华留学生的文化智力,通过心理课程、心理团体等形式帮助来华留学生降低跨文化排斥敏感度。

第五章

质性研究：来华留学生个体及群体心理画像

量化研究和质性研究相结合，能够更有效地帮助我们理解双文化个体，尤其是来华留学生在中国情境下认同中国的心理机制。因此，在第四章量化研究的基础上，本章我们将通过质性研究方法对来华留学生进行深度访谈，并为相关样本认同中国的情况进行个体画像。质性研究能够对双文化认同整合这一复杂的心理机制和社会现象进行抽丝剥茧，寻找普遍规律下的独立个体的细微差异。然后我们通过辅导员的视角，探寻辅导员眼中来华留学生认同中国的情况，进而绘制群体画像。个体和群体画像不仅可以生动形象地描绘来华留学生认同中国的过程，而且以扎根理论为依据的质性研究方法会助力我们探究更多之前未关注到的方面。例如，对中国的兴趣是如何帮助来华留学生主动学习中文的？留学生的中文水平与其双文化认同整合水平有什么关系？群体动力学中朋辈之间是如何互动与相互影响的？积极或消极的互动体验如何影响个体的双文化认同感？东道国的互动网络关系如何在留学生认同中国的过程中发挥作用？这些问题都将随着质性研究的推进逐步揭开神秘的面纱。

第一节　来华留学生认同中国的个体
画像——来华留学生视角

一、研究设计及调查实施

（一）访谈提纲的设计

留学生拥有跨文化个体以及受教育者两种身份，在跨文化适应的过程中主要有三个维度的适应，包括心理适应、社会文化适应以及学术适应（朱国辉，2011）。在研究中，笔者主要从这三个维度考察来华留学生的双文化认同整合情况。

1. 心理适应（人际关系）

心理适应是指来华留学生在面对生活变化带来的各种压力刺激下，对自我心理进行调节，使用不同策略缓解压力的过程（朱国辉，2011）。心理适应的结果表现在来华留学生的情感与认知状态中。中国著名医学心理学家丁瓒曾指出，"人类的心理适应最主要的就是对人际关系的适应，人类心理病态也主要由人际关系失调而来"。所以在心理适应这一维度上，本章主要关注留学生的人际关系网络以及情绪、认知、压力、被排斥感、孤独感等心理因素。

2. 社会文化适应

社会文化适应是指来华留学生逐步掌握并且灵活运用中国文化情境下的社会文化知识和技能的过程，主要表现在社会行为状态中（朱国辉，2011）。社会文化适应这一维度主要指留学生在中国社会生活情境中的各类经历，包含公德意识、当地生活习惯适应等（陈慧，2003）。该维度主要关注被访谈者的经历、对中国的态度以及对中国文化、社会习俗等方面的态度。

3. 学术适应

留学生来中国的首要任务就是学习。学术适应是指来华留学生与中国高校学术系统和社会系统进行整合的过程(朱国辉,2011)。学术适应包括学术表现、学业目标完成情况、课业成绩、科研进展等方面;社会系统整合是指来华留学生与本地学生以及高校教师、工作人员交流活动的情况,表现在师生关系、同学关系、参与活动的情况等方面。所以学术适应这一维度主要关注来华留学生中文水平、师生关系、课堂投入度、行政信息查询、学业表现以及教学满意度等。

在访谈提纲的设计上,笔者兼顾到了以上三个维度。具体访谈提纲主要分为以下几个部分:语言学习,人际关系,文化冲突与文化适应,课程、课堂与教师评价,对中国的了解与认识,双文化认同整合与文化传播,最后补充了访谈对象的基本情况。访谈提纲的基本内容可以参见本书附录。笔者虽然准备了访谈提纲,但是在访谈过程中采用了半结构式访谈,一方面保证了每位访谈对象都能谈及作为留学生来华之后在心理适应、社会文化适应、学术适应三个方面的情况;另一方面,在访谈过程中,每位被访谈者都有不同的兴趣点和关注点,笔者会特别关注这些"与众不同"的部分,会请被访谈者展开讲述,鼓励其在研究框架的范围内自由表达。

(二)研究对象

首先通过随机方法,对不同专业的留学生进行抽样。对抽样到的专业由学院辅导员介绍或代为发出访谈邀请的方式寻找受访样本。在样本选择上,关注到留学生的性别、年龄、年级和专业特征,保证样本的多样性;随后又通过"滚雪球抽样法"由留学生推荐的方式获得访谈留学生样本。根据扎根理论,当研究人员在数据收集的过程中发现新收集的数据与已有数据有重复且显得"多余"时,即可算作达到饱和状态。

在实际操作的过程中,笔者在访谈到第13个受访者时,访谈过程中开始一遍遍听到与之前的对话相同或相似的内容,因此可以判断访谈个体达到了数据饱和。本研究访谈对象的基本情况如表5-1所示。从这13位来华留学生的学历分布可以看出,本科生有5人,硕士生有6人,博士生有2人;样本中男生有6人,女生有7人。从专业分布来看,受访者来自工科、理科、人文社科等多个学科。受访者分别来自美国、俄罗斯、韩国、意大利、韩

国、巴基斯坦、泰国等国家,包括发达国家和发展中国家。受访者来华时间
从1年到20多年不等,他们中有奖学金生也有自费生,授课语言有中文,也
有全英文。

表 5-1 被试者基本信息

编号	性别	国 籍	教育程度	来华时间	授课语言	专业	住宿	华裔	自费/公费
A	男	也 门	硕士	9年	中文	船舶	租房	否	公费
B	女	美 国	硕士	4年	中文	传媒	租房	是	自费
C	男	美 国	本科	3年	中文	管理	宿舍	是	自费
D	女	马来西亚	本科	3年	中文	国际公共事务	租房	是	自费
E	男	美 国	博士	20多年	英文	传媒	租房	否	公费
F	女	波 兰	硕士	2年	中文	翻译	宿舍	否	公费
G	男	伊 朗	本科	3年	中文	药学	宿舍	是	公费
H	女	韩 国	本科	3年	中文	传媒	租房	否	自费
I	女	乌克兰	硕士	3年	中文	汉语	租房	否	自费
J	男	俄罗斯	硕士	1年	英文	航空	宿舍	否	公费
K	男	意大利	本科	7年	中文	人文	租房	否	自费
L	女	巴基斯坦	博士	3年	英文	材料	租房	否	公费
M	女	泰 国	硕士	6年	中文	人文	宿舍	是	公费

访谈地点一般安排在校内咖啡厅。访谈前,笔者会介绍访谈的主要目
的和大体内容,签订知情同意书,访谈后赠送小礼物表达感谢。访谈过程
中,在相互信任的基础上,留学生们都很乐于表达。每位访谈对象的访谈时
间在一个小时到一个半小时之间,从而保证了资料获取的完备性。访谈主
要采用的语言是中文,部分留学生在华授课语言为英文,在其中文水平有限
的情况下使用英文进行访谈。

二、来华留学生认同中国的个体画像

被访谈的留学生分别讲述了自己的来华留学故事,在整理这些访谈资

料的过程中,笔者再次被他们的故事深深地感动。为了更清晰地呈现出质性研究的既定主题和演绎主题,我们采用了详略结合的方式,选择三位来华留学生的画像进行"白描",对另外十位来华留学生的画像进行"勾勒"。这样既能呈现不同的人物画像,也使得整个画面详略得当,避免了主题的重复描述。之所以选择这三位留学生进行"白描",是因为他们的故事更具有典型性,他们分别代表了阿拉伯文化、华裔文化以及欧美文化与中国文化的交互与碰撞。他们中有克服重重困难实现双文化身份高度融合的个体,有吸收两种文化底蕴,成为兼具东西方思维方式的个体,也有身份不断切换,却始终在身份认同上苦苦追寻的个体。

（一）一位中文流利在华工作的也门小哥

A同学来自也门,来华学习工作已经近10年,先在西安上了一年中文预科班,后进入大学读本科。毕业后,他到上海攻读硕士学位,并获得奖学金。在访谈时,这位同学已经毕业并在上海的一家公司工作,主要负责中国公司与阿拉伯国家的业务。

1. 丰富的社会网络关系,助力留学之路

A同学对中国的认同感较强,也能非常好地整合两种文化。这得益于他有着非常丰富的社会人际网络关系。他跟家人保持沟通,从选择留学目的地,到刚开始来中国遇到文化冲突,再到考试成绩不理想,他都能及时地获得家人的支持。

> "选择来中国留学是我家庭的原因,因为我爸爸对中国比较了解,他建议我到中国留学。说实话,刚来中国第一个月,我天天给父母打电话,我想回家。在我们国家,我的成绩是很优秀的,但是到中国以后我差一点就不及格。然后我父母安慰我说,你现在已经很好了。"

同时,A同学与实验室同学以及老师的关系也非常好。他认为中国同学"热情友好,乐于助人,也很大方"。在做科研的过程中,他得到了老师和同学的及时帮助。

"因为授课语言都是中文的，很多专业名词我都不知道怎么解释，我就去问他们，他们都很愿意帮助我。还有我的老师，他对我的帮助也非常大。"

一般留学生都比较容易选择同胞作为主要的社会支持因素。在与 A 同学的访谈中，笔者发现，由于 A 同学来自也门，这个国家在学校的留学生人数很少，所以 A 同学获得的主要社会支持来自导师、实验室的同学以及其他中国朋友，比较少来自同胞。研究表明，同胞可以为旅居者提供心理安全感。但是，这类社会支持也可能会阻碍旅居者对当地文化的学习。对在美国学习的非洲学生进行的研究发现，那些与同胞联系比较密切，和同胞一起消磨很多时间的人适应美国文化比较慢。对在澳大利亚的英国移民进行研究，也发现有较多同胞朋友、较少当地朋友的移民对移民生活现状不太满意。所以，同胞提供的社会支持有时候是有帮助的，但有时候也会阻碍个体认同新文化的过程(陈慧，2003)。

与其他留学生不同的是，A 同学会主动找社区里的本土人士交流，了解中国社会，丰富社会网络关系，与中国社会的积极接触对他认同中国起到了较大的作用。

"了解中国，对我来说，最重要的就是接触中国人。周末我在小区里跑步的时候会碰到很多大爷、大妈，我跟他们聊天，他们给我讲中国的历史、中国的文化，我从他们那边学到非常多。"

2. 群体动力学：群体示范的作用

留学生与同辈交往过程中产生的互动网络会对留学生产生强大的影响，尤其是互动网络中联系最密切群体对留学生个体的行为和态度有重要影响。留学生在同辈群体活动的投入状况可以通过群体规范或群体压力的方式潜在地影响留学生的行为。同辈群体规范一旦形成后，就会对每个成员产生一种压力，迫使个体改变自己的行为来适应群体规范。同辈群体规范是非制度化的，它对成员的影响也是非正式性的，随意性较强(武朝明，2009)。A 同学受到群体示范作用的影响，无形中在行为选择上产生合群倾向，行动上选择跟实验室里非常用功的中国同学们一致。

"中国同学给我的感觉非常努力，很认真。他们从早到晚一直在办公室，有时候晚上10点他们还在办公室，我就感觉这些人真的很了不起，怎么这么长的时间都在看书。这个事对我的影响非常大，我很佩服他们。"

A同学在实验室浓郁的科研氛围的影响下，严格自律，在本科和研究生期间都获得过优秀留学生等荣誉。

"我学语言的时候，比如学中文时，就像鹦鹉一样，别人说什么我都模仿，我不管他们会不会笑我，因为学语言就是要有自信，要能开口说。我的授课语言是中文，所以我的汉语水平进步得很快。读研究生的时候，有一门课是中文，还有一门是中国文化，两门课我都考了98分。"

3. 克服语言壁垒，加速跨文化适应

A同学来中国前完全不会中文。他主动跟中国同学学习汉语，在各种交流沟通中有意识地多使用汉语。

"我来中国之前是不会中文的，一个字都不会，第一次去买东西，我跟别人沟通的时候都是用手势来比划，但是那时候学得很快，三个月以后就有能力跟别人沟通交流。其他的都是跟中国朋友们学，无论是在学校里，还是在外面，然后用QQ跟别人交流，进步非常大。"

A同学很快就突破语言壁垒，在中文学习中取得很大的进步。但是与中国同学相比，语言带来的学习压力还是很大的，尤其是学术语言。

"后来我们开始学专业课，很多专业词汇我都不懂，那些知识中国同学初中或高中已经学过了，但是我还不知道。我也感觉很尴尬。怎么比较简单的东西，我还去问。语言的问题是在我留学中最难的一个问题。老师讲课，我全部都听不懂，因为我都不知道。但是他写出来，我就知道他在写什么内容。"

经过努力，A同学在大三的时候已经完全克服了语言障碍，学术上也追上了同学们的进度。在这个过程中，他多次向周围的同学请教，与同学的关系也非常融洽。

> "我那时候一直问，我们班的同学也都挺好的，我跟他们关系挺好的，一起去图书馆，一起打球，就像一家人。"

4. 克服文化差异，寻求文化认同

A同学刚来中国时在饮食上也遇到过挑战。他努力克服文化差异，寻找两种文化的相似之处。经过三四个月，A同学基本可以在中国菜中找到自己喜欢的。A同学既熟悉阿拉伯文化，也对中国文化有所了解，他充分发挥了文化优势，在工作中得心应手，成为连接中国以及阿拉伯国家的业务骨干。

5. 来华留学积极感知带来的增值效应

对于中国文化，A同学有很大的热情，他去参观过四次西安的兵马俑。当被问及是否跟亲朋好友提及过中国时，他说：

> "我前段时间给我的同胞们拍视频，给他们讲中国的历史，还有中国文化的各方面，还给他们讲中国为什么发展得这么快。"

A同学积极的就读体验给他带来了"增值效应"。每个获得积极感知的留学生都是潜在的"增值的母版"（马佳妮，2017）。这种增值效应体现在留学生主动将在留学所在国的积极体验和教育体验推荐给亲朋好友，在这种推荐作用下，将会影响更多的活动网络中的成员步入留学生活的行动选择中。因此，在他心中，母国与东道国的连接日益紧密。

深谙阿拉伯文化，不断增强对中国文化的认同，两种文化优势在这位也门小哥身上得到了淋漓尽致的体现。刚开始的时候，由于语言壁垒，A同学在学术上也遇到过困难。但是经过一段时间的调整和适应，他在心理、社会、学术方面都逐渐适应了，实现了也门文化与中国文化的认同与整合，这两种文化在其内心有效地融合在一起，帮助他在不同文化情境下都能做出适宜的文化反应。他获得了多方面的社会支持，师生关系和同学关系良好，他还跟普通市民交流，以此增进对中国文化的理解和认同。这位也门小哥主动给家乡人民"讲好中国故事"，他的这种讲述方法对家乡同胞具有很强的吸引力。通过他的介绍，有好几位也门人也选择了来中国留学。

（二）一位具有较强冲突感的华裔女孩

B同学是一位美国籍华裔留学生，她父母都是中国人。20世纪80年代，她父亲在美国读博士后，母亲也跟着在美国陪读。她出生在美国，获得美国国籍。由于父亲在美国读书，母亲没有工作，所以她被父母送回国内，由祖父母抚养长大。高中时回到美国，在美国读大学并工作过四年，然后选择在中国读硕士研究生。

1. 身份认同的挑战

作为华裔留学生，B同学对于自己的身份认同存在困扰，中国人和美国人两种身份在她身上是分离的、割裂的，她很难把这两种身份有效地融合。

　　"我的身份问题给我带来一些困扰。在中国，感觉自己更像美国人。可是在美国，我更多地找中国人玩。"

这种冲突感来源于B虽然是美国籍，但是由于父母、祖父母都是中国人，而且她小时候也是在中国成长的，所以内心偏向于认为自己是美国籍的中国人。高中去到美国之后，由于文化差异，她始终觉得自己是个"圈外人"。

　　"在美国，我没有很多朋友，当时我觉得回到中国就好了。可是回到中国，我还是没有中国朋友，我很失望，冲突感也比较强烈。"

有研究表明，西方人的"人际关系"主要是相互独立的个体自主选择的结果。这种人和人之间相互独立、可供选择的交往关系必然形成"私人领域"和"公众领域"的分野。因此美国人具有比较明显的私人领域和公众领域意识，自我的圈子画得比较小。人际交往的角色化和社会的高度流动性使他们学会了与陌生人交往时具有基本的礼貌表示，但他们不会将陌生人很快地纳入"亲人"圈子（胡哲，2012）。因此作为在中国成长的B同学，进入美国后很难快速习得美国高中同龄人的文化，难以融入美国同学的互动网络。回到中国之后，她本以为可以回到自己从小生长的环境，接受和自己内心相同的文化，可以交到知心朋友，可是B同学说，她目前的朋友还是其他国家的留学生，自己好像不知道如何跟中国学生成为亲密的朋友。

伴随着留学生跨国学习情境的变化，身份认同始终伴随着一种矛盾的心态，这种矛盾的出现会成为留学生，尤其是华裔留学生内心最敏感、最普遍、最深刻的心理体验。身份是某人或某群体标志自己区别于其他人或群体的独有特质，用以区别"我是谁"或者"我们是谁"。一般来说，身份往往是意义明确的、稳定的、不会轻易改变的人格状态，是确定人们权力边界和行为准则的基准，这是经典身份理论的核心。然而，对于文化、环境都会随着留学生活而不断变化的留学生而言，尤其像B同学这种出生在美国，成长在中国，高中和大学在美国，研究生又回到中国的华裔留学生来说，身份认同会随着时间、空间、环境的变化而飘忽不定，却又表现得极为突出和迫切。身份构建成为留学生，尤其是华裔留学生最强烈的意识组成。在"我现在是谁""我过去是谁""他人眼中我是谁""我将来是谁"等一系列的思考过程中，留学生在社会文化适应以及心理适应维度都可能出现冲突和分离，这种分离感和冲突感是深层次的、可感知的、现实的，却难以快速改变的。

2. 被排斥的归因感知

B同学说她能感觉到有的同学对她存在偏见。B同学所在的专业有很多作业需要成立学习小组，由小组成员共同完成。B同学学习成绩较好，也不存在语言障碍，中文是她的母语，可是B同学提到过很多次在小组工作中有被孤立的感觉。这种割裂的身份认同感带给B同学强烈的被排斥感。

对于留学生在团体中，尤其是学术小组中感知的被排斥感，B同学认为这是物理空间分割导致的同学熟悉程度的不同。

"因为中国学生互相认识，我跟他们都不认识，也不知道怎么交流。中国学生相互认识并熟悉，可能是他们的宿舍在一起。我是在校外租房子的，其他留学生即使住在学校宿舍，也是留学生公寓，与中国学生宿舍相距很远。"

由于我国在开展招收留学生工作早期，留学生第一位的身份属性被定义为"外宾"，在生活上被给予特殊照顾，留学生被安排在条件更好的宿舍。然而这一特殊历史时期的特定考虑导致的"物理空间的分割"沿用至今。今天我国绝大部分高校，留学生住宿仍然与国内学生实行差异化管理。留学生宿舍通常与国内学生宿舍形成物理上的空间分割，这种空间分割一定程度上引发了留学生心理上的分割感。

关于 B 同学所述的被排斥感，笔者认为，物理空间的分割只是一个方面。部分国内学生对华裔留学生存在刻板印象，认为他们是变相的"高考移民"。这种不公平感带来国内学生心理上的不平衡，在行为的外显上就体现为他们不愿意与华裔留学生过深交往。其实我国已于 2020 年 6 月发布《关于规范我高等学校接受国际学生有关工作的通知》，收紧了来华留学生招生范围，提高了华裔留学生的招生门槛，从根源上避免了出现"国际高考移民"的现象。作为教育主体的教师，应该关注到这种刻板印象给中外学生造成的沟通壁垒，通过更有效的教育手段消除刻板印象，构建中外学生中更广泛的群体共识，帮助中外学生从跨文化沟通与交流中收获更多益处。

3. 自我归因的选择

文化会潜移默化地嵌入个体的潜意识并引导个体在行动上做出选择。Bourdi-er(1998)认为习惯就是直觉、评价和行动的分类图式构成的系统，它具有一定的稳定性，又可以置换；它来自社会制度，又寄居在身体之中。在美国接受本科教育并且工作了 4 年的 B 同学，显然潜移默化地接受了美国教育的文化特征。

> "中国学生太优秀了，太自律了，这个学校的同学更自律更自强，他们所有的业余时间都在学习。我跟他们可没法比，我不会把所有时间都放在学习上。在美国本土，成绩没有那么重要，放松、享受生活也很重要，学校社团活动该参加就参加，学习不是我最重要的事。"

显然，B 同学用"我跟他们可没法比"把自己和中国同学区分开来，这是一种对行为选择的自我归因，也是受文化影响，潜移默化的一种内化价值观。

4. 学术适应的过程

在学术方面，B 同学在美国完成本科教育，在华接受研究生教育。在访谈中，B 同学多次提到对课堂教学方式的不适应、不满意以及不感兴趣。B 同学对专业教师的认同度也有待提高。丁笑炯(2010)以上海市高校留学生为研究对象，就教师的专业知识、跨文化知识、课程设置、教学方法等方面的调研显示，我国来华留学生的满意度还有一定的提高空间。国外的相关研究运用课程体验问卷（CEQ）对课堂教学质量进行调研，研究证明，在澳大利亚的国际学生对于课堂体验的满意程度也低于本土学生（Thakur and Hourigan，2007）。这说明课堂教学模式确实存在东方和西方的差异性。一方面，教育工作者应该尽可能关注到每一个教育对象，最大限度地因材施教，激发来华留学生学习的主动性和能动性，提升来华留学生的教育体验。另一方面，来华留学生也应该努力提高自身的学术适应能力，增进对中国的认同感，避免由于文化冲突造成对学术发展的不良影响。

在这本书写作的过程中，笔者再次联系了 B 同学，得知她已就读了本专业（传播专业）的博士研究生，在博士科研的进程中她找到了自己喜欢的学术方向，并且通过大量的实习和实践进一步加深了专业认同感。由于学术上的投入，她体验到了学习以及收获的快乐，在人际关系处理中更加自信和开朗，与专业领域内不少同学成为朋友以及科研合作伙伴。她说她现在的研究领域就是与外国人有关的传播学，而美籍华裔的身份能够有效地帮助她更好地从事这方面的研究。

（三）从意大利厨师到中国通

K 同学是意大利人，18 岁来到中国，在一家意大利餐厅做厨师。由于对中国文化的兴趣，他想学习汉语，开始在中国接受高等教育，成为汉语专业的本科生。K 同学非常健谈，中文也很好，访谈过程中全程使用中文。K 同学总体适应情况良好，对中国的认同程度较高。

1. 学习中文的动力：工作需要

访谈中笔者发现 K 同学的汉语表达非常流利，话语逻辑性比较强，已经基本掌握了中文表达的基本技巧。当被问到中文学习动力时，笔者发现一方面兴趣是最好的老师，K 同学对于学习中文始终充满热情；另一方面找工作的实际需求能够促成语言学习。

"我学习汉语的动力来自两个方面：一方面是我对中国非常感兴

趣,我想更加深刻地了解中国。来中国之前,我在意大利有一个中意混血的朋友,她跟我说了很多关于中国的事情,从那时候起,我就开始对中国感兴趣了。另一方面是工作的需要,当时我在中国工作,找工作的时候,不会汉语会遇到一些障碍,所以我就想好好学习汉语。"

2. 第二语言学习策略

二语习得领域的一系列研究表明,在目的地国是二语习得的最佳语言环境,学习者有足够的目的语接触机会,能够与目的地语言使用者进行有效互动,对于提高语言能力和跨文化能力都有帮助。K 同学运用了有效的语言学习策略,平时生活中主要使用汉语,通过多种路径学习汉语。

> "2013 年我来到上海之后,开始在上一对一的中文课程,后来我搬到北京去工作,也继续在上一对一的中文课。中文课之前,我的口语和听力还可以,可以进行基本的交流,但是我几乎不会写汉字,阅读也不好。一对一学习之后,我的阅读和写作越来越好,我开始每天写日记,也会写一些小文章。到了 2015 年,我考了 HSK5 级,并且通过了考试。我看了很多中国的电视剧,比如《中国关系》《猎场》等,我特别喜欢。还有《悍城》,这是我最近开始看的一部中国电视剧。我现在基本上都是用中文跟身边的人交流的,大概平时生活中 70% 是讲中文,英文占 20%,意大利语占 10%。"

针对来华留学生的研究发现,汉语学习策略的使用与汉语学习动机有关(江新、赵果,2001)。这个结果与国外关于学习动机和学习策略关系的研究结果是一致的。针对美国大学外语系的学生的研究发现,动机的强度是影响学习策略选择的唯一重要因素。动机强的学习者比动机弱的学习者能使用更多的学习策略,而且动机的类型也影响策略的选择。如果学外语的动机主要是为了完成课程的要求、获得一个好分数,那么形式(语法)练习策略比功能(交际)练习策略更常使用(Oxford and Nyikos,1989)。K 同学具备较强的学习动机,能够采取有效的学习策略,例如阅读、写日记、一对一辅导、看电视剧、平时大量使用中文进行交流,这些都是习得第二语言的有效策略。

3. 丰富的社会网络关系有助于融入

留学生从迈出国门进入东道国之后，他们的社会网络的边界也随之扩展开来。社会心理学视角的研究证明，社会网络是影响国际留学生适应东道国文化的一个重要社会心理因素(徐虹，2016)，也是衡量留学生融入东道国社区程度的重要显性指标。对于留学生而言，社会网络除了具备普通受教育者社会网络的功能和特征外，还具有跨文化的特性。K 同学来华后能够积极扩展自己的社会网络，不断扩大自己的朋友圈，其中有不少中国学生。

"我接触留学生比较多，因为我都是跟留学生一起上课。我有几个很好的中国朋友，他们一家人都是我的好朋友，当时他们帮我找房子、为我介绍工作，有时候我也住在他们家，我们一起去广西的很多地方旅游，一直到现在我们都经常联系，他们对我就像家人一样。来这里之后，也有几个关系比较好的朋友，比如韩老师。还有 Jim，他是韩老师介绍给我认识的。那时候我要去参加汉语桥比赛，他把自己的长号送给我了，后来我们还一起出去吃饭，现在他在美国读书，我们也经常联系，询问彼此的生活等情况。"

他在遇到学术困难时能够及时向专业老师请教。

"我喜欢问老师，老师们都会非常认真地回答我，还会告诉我很多课上没有讲到的内容。"

他在遇到学业、生活等方面的问题时，也积极向留学生辅导员请教。谈及对周围大多数中国同学的印象时，K 同学的反馈非常正向。

"中国同学都非常友好。刚开始来中国时会有人盯着我看，我还不太习惯，后来习惯了觉得中国人都对我很友好。而且我也非常喜欢跟中国同学在一起，我想提高我的汉语水平，更多地了解中国。"

4. 消极感知到积极感知的转变：积极应对方式的中介作用

起初，K 同学也遇到了一些文化差异带来的冲突。面对文化冲突，个体内在动机水平越高，就会越主动地对跨文化学习情境进行探索，在日常行为中会选择更为积极的应对方式。很显然，K 同学较多地采用了积极的应对方式，很快从消极感知转变为积极的感知。

　　"现在我还不习惯每天都吃中餐，所以我一般是一天吃中餐，一天吃西餐。我刚来中国的时候不适应中国的食物，特别是有的菜太辣了。我现在非常喜欢吃，也觉得非常好吃。还有中国吃饭的时间跟意大利不一样，中国人经常吃夜宵，这在我们国家是没有的，不过我到了中国之后，开始学习中国人的生活方式，按照中国人的方式去做事情，比如上班坐公交车，比如跟中国人一起吃饭，有时候也会吃夜宵。

　　"还有我刚开始不会用中国的筷子，朋友带我去吃汤面，我根本没有办法用筷子把汤里的面捞出来，所以那次吃饭我没有吃饱。后来我越来越习惯使用筷子了。我现在很喜欢中国的吃饭方式，就是大家会分享。但是刚来中国的时候，我觉得有点儿不习惯这种合餐的方式，但是现在我觉得很好，可以拉近人与人之间的距离，而且可以吃到更多的菜，我还可以尝试别人点的菜。"

　　K 同学的经验验证了内在动机高的双文化个体具有更强的融入动机，更倾向于采用积极的应对方式处理跨文化冲突，更能有效地减少跨文化冲突带来的消极感知。除了有效地避免消极感知带来的挫败感和孤独感之外，K 同学还持开放态度，勇于探索和尝试不同的文化习俗，例如用筷子、吃合餐、喝开水等，这些探索和尝试能够逐渐消解他与中国文化之间"无形的墙"，通过与中国文化的接触、与中国人的互动，他在探索和尝试中重新对自我进行了再认识，发现了出国留学的积极意义。

　　5. 学术适应的过程

　　K 同学的学术适应比较顺利，学业成绩比较好，成绩排名也比较靠前，还获得了好几项校内的奖励。

　　"刚开始的时候觉得课程对我来说有点简单，但是后来专业课加进来之后就感觉好多了。现在上的'宏观经济学''微观经济学'，我希望能多一些这样的课程。还有文艺类、体育类的课程，我希望能多一些。我很喜欢'中医药文化'这门课程，可以学到很多关于中国的中医、文化等各个方面。"

K同学能够明显感觉到欧洲和中国上课模式的不同，但是作为留学生，他愿意遵守学校的规则。

"有的同学不想来上课，但是我觉得我很喜欢上课，所以这对我来说没问题。但是在欧洲上课是比较自由的，学校和老师不会有考勤的要求，只要通过考试就好。大学生是成年人了，他可以自己决定要不要来上课，自己承担不来上课的后果。所以我觉得给他们更多的自由会更好。"

K同学在学校获得过不少奖励，虽然东西方上课模式不同，但是K同学也愿意遵守国内课堂的规则。有个重要的原因可能是这些荣誉和奖励增加了他"好学生""优秀留学生"的光环，他关注他人对自己的态度和评价，想珍惜荣誉，不愿意因破坏规则引起自我形象受损。这也从一个侧面说明了荣誉奖励对个体的激励作用。

6. 对中国文化的了解

当笔者问到在中国的这几年里，去过哪些地方？印象最深刻的地方是哪里？有没有哪个地方给你留下的印象不太好？能说出几个中国的著名城市或名胜古迹吗？K同学一口气说了很多，可见他对于中国的了解程度比较深。他希望成为行走在中国的"马可·波罗"，发现更多有趣的人和事。

"去过太多地方了。杭州、绍兴、北京、柳州、桂林、阳朔、南宁、厦门、广州、深圳、香港、澳门、景德镇、南通、锦溪、鄂尔多斯、苏州、西安。柳州和景德镇印象最深刻。柳州是我来中国之后生活的第一个地方。景德镇是因为我很喜欢陶瓷，我很期待下次再去景德镇。中国的名胜古迹我去过很多，长城、故宫、豫园、颐和园等。"

7. 媒介使用与留学生的跨文化融入

当聊到经常使用的社交软件、应用类App时，K同学如数家珍。随着数字化进程的加速，媒介使用成为跨文化适应的重要载体。双文化个体与大众媒体的接触程度以及与东道国人员交流交际程度是个体跨文化适应的重要前因变量。媒介使用在跨文化适应过程中扮演着重要角色，发挥了积极作用，不仅能够提升双文化个体的语言能力，还能够协助推进双文化个体对于主流文化的吸收和融入，逐步建立强关系的社会归属感和情感依赖（匡文波、武晓立，2019）。K同学通过媒介使用与中国增加了更多"链接"，这些"链接"帮他进一步了解中国，打开从留学世界通往现实中国的大门，增强了对中国的认同。

8. 中国形象的认知偏见与重塑

K同学来中国之前对中国的印象模糊。来到中国留学，K同学开始重新构建"我眼中的中国形象"。与其他来华留学生一样，K同学的留学生身份使其能够深入了解中国，学习中国语言、文化的过程也是一个接触中国社会，培养善意、建立好感，降低因群际偏差而产生负面刻板印象的过程。在了解了中国之后，K同学重新构建了中国形象。他说：

> "我现在很喜欢中国，中国给了我很多机会，现在很多意大利人对中国的看法也改变了，很多意大利人想让我帮助他们在中国找工作。中国有很多机会，是一个可以实现梦想的地方。现在提到中国，你最先想到的是手机支付，还有中国的高铁，又快又干净。在中国特别是在上海，能吃到来自世界各国的美食。"

来华留学生通过亲眼看见、亲身实践、亲自感知，能够了解全面、立体、真实的中国。正如许多留学生所说，他们来华前"想象的中国"与来华后"实际的中国"有着天壤之别，他们愿意跟同胞分享自己的留学故事，愿意介绍真实的中国给家乡亲朋。来华留学生对中国的评价源于了解，源于融入中国文化之后所产生的理解与认同，是真实的情感流露。可见，来华留学生可以成为我国国际形象的"代言人"之一。我们要构建以来华留学生为传播渠道、更加形象立体的中国国家形象。

9. 双文化认同整合：思考方式的转变

研究表明，除了文化距离等文化背景因素之外，性格因素也对个体的双文化认同整合产生影响，情绪更稳定的个体跨文化关系更融洽，两种文化相关的挑战更少，语言障碍也越少（Huynh，Nguyen and Benet-Martínez，2011）。对新体验持更开放态度的人往往感觉母国文化与东道国文化有更强的融合感（Benet-Martínez and Haritatos，2005）。K 同学性格开朗，愿意尝试不同文化的特定产物。

> "我最喜欢中国的茶，我很喜欢喝茶；还有中国的陶瓷，我特别喜欢。之前上过书法课，但是没有系统学习，写得不好。还上过葫芦丝的课程，因为要参加表演和比赛，所以韩老师给我请了老师教了我几次。"

研究表明，高 BII 的人通过执行一致的行为，例如在中国学习中文后，采用中国的思维方式，而低 BII 的个体通过展示对抗性的行为来获得文化线索（Huynh，Nguyen and Benet-Martínez，2011）。很显然，K 同学来中国后学会了喝茶、书法、欣赏陶瓷作品以及学习演奏中国乐器，都表明他在采取与文化情境相一致的行为。意大利和中国文化的浸润，在 K 同学身上带来了非常正向的反馈，他说自己"是在中国上海的一个开心的意大利人"。

> "留学期间最大的收获是不仅会从一个意大利人的角度考虑问题，而且学会了从中国人的角度去思考，我觉得这个对我来说特别重要。
>
> "我在中国的这段时间成长了很多，如果我在意大利不会成长那么多，也不会有那么多机会。中国真的给了我很多很多机会，我有好几次上电视了，很开心。如果我在意大利，很难有这样的机会，很感谢中国给我这些机会。"

高 BII 的人认为两种文化是不冲突的，他们可能更容易以流畅的方式在文化框架之间切换，通过以文化一致的方式回应文化线索。低 BII 的个体认为两种文化是对立的。他们用简单的二分法看待两种文化的认知联系，这将导致两种文化的极化。K 同学能够在意大利文化和中国文化之间流畅地切换，体现出跨文化的一致性行为。他个人也在这个过程中收获了不少荣誉，最重要的是他学会了从中国人的角度思考问题，加深了对中国的认同感。

（四）其他受访留学生的个体画像

1. 美国籍华裔男孩

C同学父母是中国人，他出生于美国，成长于美国，来上海读大学之前，在山东学过汉语。C同学在语言上并不存在障碍，性格开朗，情绪稳定，还很幽默，中英文表达能力都比较强。在学校担任学生社团的骨干，心理适应情况良好。由于中文水平较高，他在课堂能很好地接收知识，但是在高数和数理统计课程的学习上还是有较大压力。在访谈中C多次提到"找不到""难""不敢"等词汇来描述自己在中国的学习上遇到的问题。在学术动力上，他更倾向于"一边玩，一边学"。

> "课堂中不会的问题，我会找朋友帮忙，一般会找留学生同学，尤其是同时上课的人。我参加了很多社团活动，也在社团中担任 leader（领导者），我觉得这些方面也是学习。"

在社会文化适应方面，C谈到自己有很多朋友。

> "有很好的中国朋友，会一起吃饭和参加活动。最好的朋友，一个是混血，一个是德国留学生。"

访谈中，笔者能感受得到美国文化带给C同学的内在优势，他声音洪亮，性格开朗。由于中英文都很流利，所以他交到了不少异国朋友。他基本能够整合美国文化与中国文化，但是在某些方面上还是呈现出冲突的状态。

2. 马来西亚籍华裔女孩

D同学是马来西亚籍，她父亲是中国人。在访谈中，D同学负面评价较多。D同学来华留学的原因主要是顺从家长的安排。

> "我来中国的原因一方面是因为中国经济快速发展，这对以后找工作有好处。另一方面是我爸爸很希望我来中国，他希望我能多接受一些中国文化。爸爸觉得我是中国人，但我自己心理上更接受自己是马来西亚人。"

在心理适应层面，她提到被忽视感。比如食堂菜品没有英文标识，一些活动海报没有英文版本。在社会生活中，D同学觉得有些方面自己很难适应，比如一些中国的表达方式，她不太理解。D同学还谈到了自己在人际网络关系方面的感受。作为留学生会的干部，D同学需要联络各个国家的学生，她也提到文化差异给她带来的困扰。

3. 有着丰富工作经验的美国籍博士生

受访者E是美国人，1995年来到中国。读博之前，他是美国公司委派来华的外籍员工，在中国已经工作和生活了20多年。虽然E同学努力用中文表达，但有的时候他的中文表达词不达意，我们在访谈时常常不得不停下来重复确认或者用英文再次确认。

> "我在中国生活的20多年里，也做过媒体和设计方面的工作。我觉得自己应该读个PHD(博士)，所以来到这里读媒体与传播专业。"

当被问及"你平时与留学生接触较多还是与中国人接触比较多"时，E同学这样回答道：

> "我认为这是一个最基本的问题，全世界的留学生都存在同一个种族、同一个国家的同学抱团的情况。所以希望大学能够尝试增加一些有各个国家的同学参加的破冰活动，增进同学们之间的交流。"

关于跨文化适应，E同学说这是很多留学生都会遇到的问题，为此他还制作了一个网站，帮助留学新生了解学校及其周边。他津津乐道地向笔者展示了他制作的网站，其中确实包括了很多内容，他还希望跟学校合作，把其他一些网站都及时地设立英文版本，方便留学生阅读与查找信息。

E同学也表示在各种智能App使用上没有太大的障碍，但是很多应用软件都没有英文版的，对于不少留学生而言有使用障碍。在人际交往上，他与中国人交往有一定的经验，工作中也常跟中国人打交道，但是工作语言是英语。虽然在中国时间较久，但E的中文水平并不理想，因为语言的障碍，也在一定程度上影响了他对中国文化的理解。E也坦言"要有中国朋友的话，需要有一定的语言文化基础，如果没有语言基础，就很难有机会与中国同学交朋友"。在学术上，E同学遇到的困难也主要是由语言障碍引起的，由此引发了一定的焦虑感。

4. 对《西游记》着迷的波兰女孩

F同学在来上海之前，就在波兰学习中文，并且拿到了中文本科学位，所以她的中文比较流利。来到中国后她选择外语学业，读的是翻译专业硕士。F同学汉语水平已经达到汉语水平测试（HSK）六级水平。

> "我每天大概学习三四个小时的中文。我自己摸索出一个比较好的学习方法，就是通过看电视、电影来学习。我觉得中国电视好就好在下面有字幕，所以会看到汉字。通过这种方式学习挺好的，我看汉字时，若不懂的地方就记录下来，然后查词典。这是我觉得最好的一种学习方式。"

在人际交往上，F说道："学院会给我们每个外国学生派一位中国同学来帮我们。所以，我在中国最好的朋友就是那个帮助我的朋友。"F同学能够主动结交中国朋友。

> "我们这个专业是需要不断地去跟中国同学交流的。来到这里，我很想好好借这个机会更好地了解中国文化，然后认识更多中国朋友。我们来到中国，有很多事情是不了解的，可能最简单的事情也不了解，比如说怎么吃火锅，怎么点外卖，这些事情都需要中国人给我们解释，然后我的朋友教我很多在中国生活的一些小知识、小技能等。中国人都很热情，比如问路什么的。有时候他们一见到我就开始说英文，然后我说我会说中文的。有时候我只用中文说了'你好'，他们都觉得好厉害。"

说到对中国文化的热爱，F同学开始滔滔不绝地讲起来。

> "我从小非常喜欢中国文化。小时候我妈妈还会给我读《西游记》（波兰语翻译版）。"

F同学还非常喜欢中国饮食，尤其是辣的食物，甚至还说道：

> "我喜欢中国的食物。我特别喜欢吃辣的，我们国家那边没有太多辣的。在中国生活三年，我每年只回一次波兰，我感觉中国的生活已经变成了我日常生活，我回波兰才有文化差异。"

F同学对于社会生活唯一感到不习惯的就是学校食堂的开放时间。

> "对我来说最奇怪的是，吃饭的时间跟我们国家的不一样。"

F同学对教师、课堂教学以及学术方面的满意度都比较高。关于来华留学最大的收获，F同学说她希望成为波兰文化和中国文化沟通的桥梁。

> "作为一个留学生，应该成为外国文化和中国文化交流沟通的一个桥梁。我觉得自己就是这样一个角色，这也是我学习翻译专业的原因。我希望成为中国文化和波兰文化之间的桥梁，就像马可·波罗一样。"

总体来说，F同学热爱中国文化，积极融入中国社会。究其原因，这一方面来源于她从小对中国文化的接触，另一方面是她主动结交中国朋友，担任学生社团的骨干，主动增进与中国的"链接"。

5. 中伊混血的留学生

G同学的爸爸是伊朗人，妈妈是中国人，从小在伊朗长大。他跟妈妈和哥哥讲中文，跟爸爸讲波斯语。在与中国人的人际关系上，主要是跟同学就上课情况进行交流，"大一大二接触的留学生比较多，之后接触中国学生比较多"。G同学认为因为自己语言上没有障碍，所以在很多时候和其他留学生相比，"可以说不太像留学，像回到了故乡"。G在人际关系上比较和谐，但是在社会文化适应上有一些困扰。G同学说道："适应了，但是我觉得只限于学校内，出了学校就是另外一种感觉。"而在学术方面，G同学有很多自己的想法和建议，比如课程内容和时间设置他还不太适应。总体上看，G同学对中国的认同程度还是比较高的。

6. 来华多年的韩国留学生

H同学父母都是韩国人，但在中国做生意。她自9岁便随父母一起来到中国生活，中文流利。H同学由于中文基础较好，参加了学校的舞蹈社团，高中阶段就有很好的中国朋友，但是在大学还没有交到中国朋友。谈到对中国人的整体印象，H同学从正反两个方面都给予了评价。

> "有部分中国人喜欢用手机扬声器打电话，在我看来还是不太习

惯。但是我也觉得中国人讲义气，我的中国朋友对我很好，和中国人交朋友感觉很好。"

在课堂上，H同学说自己作为韩国留学生，感受到孤独感和被排斥感，主要还是表现在课堂分组上。

"之前有一门课，老师是随机分组的，这样的机制让留学生觉得没有找分组同学的压力，我很喜欢这样的分组方式。我希望有留学生参与的课程都采用随机分组的方式，这样对大部分的学生都比较公平。"

访谈中，有若干个留学生都谈到了课程中团队作业分组给留学生带来的压力以及被排斥感。这一点华裔留学生以及韩国留学生都有谈到，而来自欧美国家的留学生似乎没有遇到这个问题。

在学术上，H同学对于课程内容以及老师的评价较好，但是她说寻找实习岗位对于留学生来说是比较困难的。关于文化传播的方面，H同学谈到了自己来中国最大的收获是汉语流利了，这对她将来就业很有帮助。她表示愿意分享留学经验。

7. 一位大二的乌克兰女孩

I同学是从乌克兰来中国学习汉语言专业的。她之前曾在上海上过一年汉语预科班。目前汉语水平达到HSK5级。说到来华原因，I同学解释是由于乌克兰存在局部战争，因此选择留学。I同学很努力学习中文，从完全不会讲中文到现在已经能够用中文交流了。

"我很努力地学习汉语。我的爸爸会说15种语言，所以我也遗传了他的语言天赋，他是我的榜样，看他，我就知道我应该努力学习语言。"

I同学介绍了自己的社会关系和人际网络，她大部分朋友是外国人，但室友是中国台湾人。当被问到是否有文化冲突，以及文化适应的过程时，I同学表示目前在饮食、气候以及一些行为习惯上会感到不适应，但是正在慢慢习惯的过程中。

"饮食方面不习惯，我刚来中国的时候，4个月内胖了8公斤。中国菜让我增重了。气候也觉得不习惯，夏天很热，又很潮湿。冬天很冷。"

I同学来华留学之前对中国存在刻板印象，来华后发现亲历的中国和之前想象的中国完全不同。她没想到中国已经这么发达了。总体上，I同学来华时间不长，正处于很努力适应的过程中。

8. 中俄联合培养项目的硕士生

J同学是来自俄罗斯的硕士生，他所在的专业由中俄两国共同设计和共同授课。该专业的学生需要在中俄两国各上一年半的课程。J同学的中文相对流利，能够清楚地表达自己的意思。他的班级由中外学生共同组成，因此他有较多机会接触中外同学。

> "我们这个项目就是由中国同学和莫斯科同学共同组成的，我们下一学年都会去莫斯科学习。我们和这些中国同学一起吃饭，一起上课，建立了非常良好的友谊。我们的课程小组里通常是中外学生各半。在校园里，大多数的人都是说中文的。当然我指的并非是学生，而是其他的工作人员，如食堂阿姨、宿管阿姨等。"

当谈及对中国人的印象时，J同学说：

> "由于我在中国已经生活了好多年，所以我的回答是肯定的。每个人都试图去做到友好。但可能有时候，我会花大量时间去解释我的需求。我的意思是，当你需要帮助的时候，文化的差异、语言的问题会给双方带来一些困扰以及误解。"

对于文化冲突，J同学举了一个例子，是关于中国人和外国人对隐私的理解的差异。

> "比如说，宿管阿姨可能随时出现在你的宿舍中，如果留学生对隐私的要求很高，他们可能会觉得十分困扰。当然，我觉得这也可能是文化差异所导致的。所以我们也不会生这些人的气。"

对于J同学来说，饮食习惯不同也是留学生活中需要克服的难题。J同学提到一些网络应用方便了自己的生活，但是很多应用没有英文版本，界面对于留学生不友好。

关于毕业后的就业打算，J同学希望做与中国有关的工作。

"由于我在中国生活了这么久，我可能会把我在中国期间积累的经验应用到我的工作中去。"

J同学是中俄联合培养的学生，在课程设置上，是俄罗斯高校和中国高校共同协商的，教师也是两所学校共同选派的，因此在学术上与其在母国的相似程度较高，他适应较快。J同学住在学校的留学生公寓，与留学生接触较多。由于是联合培养项目，班级内中外学生各半，因此他没有感受到被排斥感和孤立感。但是J同学认为有些文化差异以及饮食的不习惯给他带来了一定的困扰。尽管如此，俄罗斯文化与中国文化在他心中是和谐的，这在很大程度上得益于联合培养的模式。该项目由中俄双方协商，根据专业需求和合作实践量身定制，能够更好地帮助留学生在中国接受留学教育，对于提高来华留学生的学术满意度、减少"文化休克"都有较大帮助。

9. 一位科研优秀的巴基斯坦女博士

L同学是来自巴基斯坦的女博士生，荣获中国政府奖学金，参加全英文授课的博士项目。谈及自己的社会关系网络，L说自己的朋友有中国人也有外国人。L同学说在小组活动或者团队课程中，中外学生共同组队，感觉是平等的。L同学对中国人的评价是大多数人都是友好的。谈到自己跨文化适应的过程，L说并不容易，但是目前已经适应了，并且在科研上也取得了一定的进展。

"我很习惯，我爱中国。你知道，一开始我适应得很慢，浪费了不少时间，好在我的教授会给我压力，让我意识到这不行。"

L同学说中巴两国友谊非常深，所以来了之后感觉这里就像家一样。

"你知道，因为巴基斯坦与中国非常友好，所以我感觉这里是第二个家。中国已经很发达了，它发展得很快。"

总体上L同学很喜欢在中国读书。作为博士生，她可以按照科研需求进行实验。她说在她自己的国家，实验条件没有这么好，在这里可以根据科研需求设计实验，还能得到导师的指导，非常幸运。总体而言，L同学非常感恩能够来到中国攻读博士学位。她非常开朗，乐意结交朋友，能够有效调节自己的情绪，可以很好地适应中国。一方面，由于两国文化的距离比较远，这两种文化在 L 同学心中还是两种截然不同的文化；另一方面，由于中巴友谊源远流长，两种文化在她心中又有似曾相识之感。

10. 一位泰国本科生

M 同学来中国有 6 年时间了。由于她在泰国的学校与华侨有联系，所以高中时就来中国学习了，在广西完成了高中学业。她从小学三年级开始学汉语，至今已有十年。现在上课主要用汉语，汉语比较流利。

"我通过微博或者是看新闻、看电视剧、看电影等方式学习中文。当时在泰国的学校对汉语比较重视，有类似于语文的课程。"

M 同学说虽然来中国多年了，但是还没有中国朋友，她希望通过音乐、体育、科研合作等途径认识中国同学。

"我想做一个汉语角，我希望一起做一个科研项目或者一起参加体育活动来交中国朋友。"

谈到对中国的适应，M 同学说：

"我现在非常适应中国，但是高中刚来广西南宁的时候，有点不适应。"

M 同学能够熟练运用网络媒介，熟知日常生活中常见的各类应用。她还会做中国菜，喜欢麻辣香锅和火锅。M 同学对中国的印象以及对中国人的印象较好。

"来中国一段时间后觉得中国真的是了不起，中国的生活太方便了。来中国之后觉得什么都有，什么都可以买得到。来中国后我觉得中国人不害羞、热情、勤劳、开放。"

M 同学说："在中国留学多年最大的收获就是能够独立生活，有很大的自由。"关于是否会向泰国人介绍中国，她说高一、高二时会说，但之后很少，原因是亲戚朋友已经习惯她在中国了，基本不会问。总体上，她愿意给中国打 85 分。

以上为 13 位来华留学生认同中国的情况，可见个体对中国的认同感上还是千差万别的。某个事件或者某个人都会促进或阻碍来华留学生认同中国的进程。通过以上分析我们发现，对东道国文化的好奇心和兴趣，对东道国主流语言的流利使用，在东道国人际网络的丰富性，与东道国社会的深度接触等方面，都会促进留学生对东道国的认同，进而提高其双文化认同整合程度。而孤独感、被排斥感等一些负面的主观感受会阻碍留学生对东道国的认同。

第二节　来华留学生认同中国的群体画像——辅导员视角

这一节主要从辅导员的视角来看来华留学生，通过深度访谈获得第一手研究资料，选择扎根理论范式进行研究。对于那些很重要，但是到目前为止没有太多认识的领域以及那些概念发展尚未成熟的领域，扎根理论的方法能够帮助我们找到答案。对于学术界来说，留学生辅导员这一群体还是比较新的研究对象，相关研究较少，尤其是来华留学生与辅导员之间的互动研究更少。因此，选择扎根理论进行研究是一种比较审慎的态度，既避免生硬地套用国外理论，也避免先入为主的概念影响了研究的本源。我们将从来华留学生辅导员视角，通过"他人印象"，更客观、更全面地绘制来华留学生认同中国的集体画像。

一、来华留学生的社会支持体系

所谓社会支持，就是能够给跨文化者（包括旅居者、留学生等个体）提供从物质到精神支持的社会关系网络。跨文化者由于有了社会支持，能够在东道国文化环境中感到安全，缓解紧张、焦灼、孤独以及疏远感等负面情绪，感到有所归属并获得自尊。Berry（1997）认为，在所有影响跨文化适应的因素中，社会支持起到了最重要的作用。之所以会这样，是因为有效的社会支持降低了跨文化者情绪上的压力，并为他们提供了实际生活上的帮助，有利于他们融入东道国的社会生活（Berry，1997）。研究发现，在留学生当中，能够获得较多社会支持的一般是那些更愿意与当地人进行交往互动的个体，他们在社会文化适应方面也有较高的水平。Safdar 等人在一项调查中发现，得到比较多社会支持的跨文化者更容易适应东道国的文化环境，他们通过社会支持不仅解决了实际的生活问题，还更加习惯东道国的生活。总体上来看，国外研究者在社会支持与跨文化适应的关系上有一致的意见，普遍认为社会支持对跨文化适应有正向强化的作用，极大地促进了跨文化者跨文化适应能力的形成（Safdar，Lay and Struthers，2003）。

留学生的人际网络功能模型显示，留学生同时身处同心圆的三个不同层次人际网络之中，由内向外分别是同胞、东道国学生或者工作人员、其他国家留学生。这三个网络群依次被称为单一文化圈、双文化圈和多元文化圈。留学生的本国同胞一般来说是留学生最先获得的支持系统，一方面帮助其获得对新环境、新文化的知识，另一方面为留学生提供心理安全和归属感，减轻压力、无助、焦虑和疏远感。东道国学生或工作人员构成的双文化圈，是留学生与东道国联系的纽带，为留学生提供学业帮助或职业帮助。其他国家的留学生构成多元文化圈，是留学生娱乐休闲的伙伴，能够丰富其业余生活（Bochner，Hutnik and Furnham，1985）。研究表明，留学生的双文化圈人际网络效果最不显著。例如，在英国的 150 名外国留学生中，与英国人保持密切联系的仅占 18％，美国的数据也显示了类似的趋势（Furnham and Bochner，1982）。

社会资源理论表明，人类通过社会网络获取资源的行动区分为两大类：一是维持有价值资源的"情感性行动"；二是寻找和获得额外有价值资源的"工具性行动"（林南、俞弘强，2003）。本书前一节针对来华留学生的深度访谈中，已经谈及了来华留学生与同胞的交往、与其他国家留学生的交往以及从中获得的社会支持。按照社会资源理论，对于留学生来说，与亲人、本国同胞、朋友的关系属于情感性关系。而与授课教师、语言交流伙伴、留学生顾问，或者工作人员等社会人士的关系属于工具性关系。因此，我们将关注的视角聚焦在来华留学生的人际网络功能模型中的第二个圈层，也就是社会资源理论中的工具性关系人——重点关注留学生与东道国工作人员，主要是来华留学生辅导员的互动。

二、辅导员对于增强来华留学生对中国认同感的重要意义

2017 年，教育部颁布第 42 号令《学校招收和培养国际学生管理办法》，首次明确提出为来华留学生配备辅导员，文件中也提出了辅导员的配比、薪酬以及工作职责①。来华留学生辅导员相关制度建立起来以后，辅导员便成为留学生在中国可以寻求支持的主要工作人员。辅导员肩负着来华留学生教育和管理的重要功能，也是提升来华留学生认同中国的基础保障。

留学生来华学习，可能会遇到文化冲突、学业困难、语言障碍、心理困扰等方面的问题。部分留学生只与自己国家的留学生形成小团体，不主动与其他国家的同学交流；部分留学生可能由于生活习惯的不同面临跨文化适应的困难，还有少部分留学生无法适应来华留学教育，面临学业困难。面对留学生可能会出现的问题，特别需要留学生辅导员提供有效的社会支持。

留学生作为一名世界公民，在华留学期间需要有人引导他们树立更远大的世界观、人生观和价值观。因此，留学生辅导员有责任和义务针对留学生开展教育，"有针对性地帮助学生处理好思想认识、价值取向、学习生活、择业交友等方面的具体问题"。辅导员对来华留学生的教育通常包含法治教育、道德教育、国情教育、校史校情教育、中国文化教育等各项塑造人的思想、道德和公民精神等综合素质教育。

留学生辅导员是留学生认同中国的引领者。留学生辅导员不仅可以帮助留学生结交中国朋友，更是提升留学生对中国认同感的有效载体。针对留学生的访谈也发现，部分留学生的社会支持网络主要是以同胞为主，结交中国朋友的路径不多，了解中国社会的机会也不多。因此，留学生辅导员的角色定位就是要帮助留学生融入校园，结交中国朋友，通过跟中国同学的朋辈学习，

---

① 学校招收和培养国际学生管理办法[EB/OL].(2017－03－20)[2022－11－17].http：//www.moe.gov.cn/srcsite/A02/s5911/moe_621/201705/t20170516_304735.html.

更加了解中国。留学生辅导员可以通过社会实践、跨文化交流、班会、社团活动等形式帮助留学生在体验中了解中国,在交流中读懂中国,在发展中认同中国。

三、辅导员眼中的来华留学生

(一)访谈样本及访谈过程

本书采用方便抽样的原则,选取某双一流高校辅导员作为访谈对象。该高校较早落实来华留学生辅导员制度,每个学院都有专门负责留学生的辅导员。在留学生人数众多的学院,辅导员只负责留学生事务;在留学生人数不多的学院,辅导员可能既负责留学生事务也负责国内学生事务。学校会定期为来华留学生辅导员提供技术支持和业务培训。在样本选择上,首先通过学校来华留学生管理部门向留学生辅导员发布访谈邀请,最终有5位辅导员报名成为访谈对象。在获得被访谈者知情同意的情况下,在校内咖啡厅进行了深度访谈,每次访谈都在1个小时左右。被访谈者的具体信息如表5-2所示。

表5-2 访谈对象个人信息汇总

编号	性别	工作年限	学院分类
A	女	2年	理工科
B	女	3年	人文社科
C	女	3年	理工科
D	男	1年	人文社科
E	女	2年	理工科

(二)学术满意度与中国认同

1.“学术冲突”与“学术投入”

对于来华留学生来说,需要适应与以往不同的科研环境和教育背景,克服"学术冲突"，这就要求留学生比本国学生有更多的学术投入。学术投入是指对学习和科研的投入程度，通常可以由对学习持续热情的心理状态、奉献、专注等维度进行衡量。但是部分留学生学术投入不足，导致科研适应困难。

> "印象最深的是一个留学生在她的国家是属于尖子生，成绩非常好。来了之后，她不适应中国的学习强度和上课模式。她觉得课业负担很重，有点跟不上。另外，她的时间管理有些问题，比如做实验，她就一直在等着实验材料的生长，浪费了很多时间，其实等的时候可以安排其他工作的。"（辅导员 A）

时间投入也是科研投入的一个重要衡量指标。关于研究生业余时间是否需要加班完成实验，这其实不仅是文化差异引起的，也是科研投入态度、科研热情和专注度不同导致的。

> "有的留学生到了晚上不在实验室加班，他们认为这是个人业余时间，不是科研工作时间。如果晚上不在实验室加班，他们本身工作的时间就比中国学生少了很多，所以科研方面也就落后了。"（辅导员 A）

2. 留学生与导师的互动模式

导学关系是导师和学生由学术研究活动而结成的，以实现学术价值追求为目标的，并在教与学的过程中所形成的人际关系（马焕灵，2019）。良好的导学关系能够增强来华留学生的学术投入度，增加其学术产出。大部分来华留学生都能够尽快适应在华的研究生生涯，与导师保持良好的沟通，保证合理的科研进展。但是在与留学生辅导员访谈过程中笔者发现，个别留学生无法处理好与导师之间的互动。留学生与导师之间的导学冲突比较明显地体现在文化冲突与制度理解冲突两个方面。

辅导员 D 给笔者讲述了一个案例。某位留学生基于以往的学术经验认为论文指导就是"具体建议，最好是逐字修改"，而导师认为是"方向性指导"。二者在这一点上的经验认知导致了后续的导学关系不和谐。另外，这位留学生经常与导师通过邮件沟通，而非面对面沟通，网络交往的隐匿性和间接性可能会产生误解。再者，这位留学生对留学的学术使命认识不清，也是其无法与导师达成良好的学术互动的可能原因之一。

3. 个体与大学场域的价值观

辅导员 C 讲述了一位留学生不愿意轮流承担实验室的卫生打扫工作，进而导致不愿意进入实验室。从对打扫实验室卫生的排斥心理逐渐演变为对实验室的排斥，这位留学生始终无法培养出对实验室规则的认同感，最终学业成绩也不理想。实验室的中国研究生都能自觉承担实验室卫生工作。当学生个体与大学场域的核心价值观趋于一致时，就使得学生个体行为显现出由"被迫性"转变为"自觉性"的特征，这就是文化模式的组织控制（麻超、曲美艳、王瑞，2021）。但当这位留学生不认可大学场域的行为规范时，就会感到被这一关系模式所排斥。

来华留学生科研和学业的顺利进行，能够提高其留学满意度，进而增强对中国的认同感。访谈发现，"学术投入""良好的导学关系""个体与大学场域价值观一致性"都可能影响来华留学生的学术表现。

（三）沟通有效性与中国认同

1. 基于不同立场上的沟通

访谈中，几位辅导员都提及留学生对于签订的合同、纸质文件很有契约精神。但是对于一些约定和口头承诺的履行程度不够。辅导员 B 讲述了一位留学生口头答应参加典礼发言却又临时失约的故事。辅导员与这位留学生的沟通由于文化背景的差异导致了无效沟通。辅导员出于活动的重要程度，认为留学生的口头承诺可以作为正式的"承诺"，可是留学生基于完全不同的文化背景，对此产生了不同的理解。留学生没有从前期沟通中感受到被选为典礼的发言代表是一种荣誉的象征，反而可能感受到了当众发言带来的压力。辅导员发现留学生对这种"指派"的任务重视程度不高，荣誉感不强，投入度不足。后续辅导员改进了工作方法，采取"竞选"的方式挑选典礼的留学生发言代表，工作效果有了明显改善。

2. 对规则和制度的理解与认同

大多数留学生能够理解学校的制度安排，并遵守相关规定，尤其是那些具有强烈的学习动机的留学生。从管理者逻辑出发，"制度化的规则为人们的互动和行动提供一种稳定性，使得人们的行为可以被预期"（马佳妮，2020）。但是也有留学生的个人逻辑与管理者逻辑出现不一致的时候，导致留学生对学校规则制度的不认可。这种不认可如果经过沟通可以达成一致，将有助于留学生增强对组织的信任感，也会有助于其留学生活的顺利进行。但当留学生对组织制度的否定发展到对原则的结构性排斥时，将会使留学生陷入心理困境，积蓄不满情绪，最终导致消极抵挡或者强烈的冲突感。

3. 辅导员的工作付出与留学生的获得感

留学生对辅导员的工作提出更高的要求，希望辅导员都能够解答他们的所有问题。后来经过一段时间的工作经验积累，留学生辅导员摸索出了一套行之有效的办法，就是在留学生入学时提供完整的入学教育，安排老生对新生的帮扶，有效地分解了大量重复性工作，也让留学生在这个过程中体验到了互帮互助。

> "现在好了一点，每年新生来了，除了有学校层面的新生入学教育，我们还会组织学院层面的 orientation（迎新培训），带他们了解常用的网站，学院里主要资源的分布，各个行政办公室的职能以及常用的公共实验资源。从今年开始我给他们增加了这样一个环节，已经起到一定的作用了，能够减轻一定的工作量。另外，我们学院学生会成立了留学生部，这样就可以有组织地请老生帮助新生，很多问题在新生和高年级学生的交流当中就可以解决了。"（辅导员 C）

辅导员的工作付出切实地解决了留学生来华适应过程中的不少问题，对于增进来华留学生对中国文化的了解，以及增强留学生双文化认同感都起到了良好的作用。

> "作为留学生辅导员，我们要表现出对他们的人文关怀。当他们遇到这种困难的时候，周围又没有人能帮他们的时候，他们自然而然地会想到我。我出于职业角色的需要，会想着去和他们交流，或者是表现得很 nice（友好）。有的时候甚至有留学生跟我讲，他说他在实验室里没有朋友，我会帮他找一对一的中国同学。我觉得这其实这是一个双赢的过程，

我们引入这么多留学生来，也是想提升我们的国际化水平。"(辅导员 C)

国外研究表明，留学生与本土学生的跨文化互动，能帮助留学生减少负面认知，留学生和本土学生的跨文化理解能力都有所提高。本土学生不用离开中国，就能体验到"在地国际化"，获得国际化相关的知识和跨文化能力。这也是留学生双文化认同整合给高等教育国际化带来的价值。

（四）跨文化活动与中国认同

《来华留学生高等教育质量规范（试行）》规定，来华留学生辅导员要能够针对来华留学生特点提供有效的指导和服务，促进来华留学生的全面发展①。辅导员通常会组织各类留学生跨文化活动。可是一位辅导员抱怨学院专门为留学生组织的活动，留学生的参与度并不高。另一位辅导员在访谈中表示也遇到过精心组织的活动，但是留学生并不喜欢的情况。在后续工作中，他总结出来一些经验。

> "你得在留学生当中发掘几个骨干，他们能够起到沟通桥梁的作用，因为你要一个人对接 200 多人是比较困难的。我们做中国学生的工作也是一个道理，也会发展学生骨干。他们总会有一些新的 idea（想法或点子），会去了解、思考留学生喜欢什么，然后来跟我们沟通，留学生骨干会告诉我这个活动是会让留学生感兴趣的，就相当于给我提供灵感，避免让我拍脑袋给他们想一些活动，结果他们不来这样的情况。"（辅导员 D）

通过留学生骨干去了解和挖掘留学生喜闻乐见的活动形式，而不是辅导员"拍脑袋想出来的"，这样的活动的参与率相对较高。在留学生活动的设计上，一方面要考虑跨文化教育的内涵，帮助留学生增强对异国文化的理解；另一方面也要充分考虑到活动内容和形式，让留学生体验到强烈的获得感。

留学生辅导员组织了一系列的活动，丰富了留学生的业余生活，也扩大了留学生的交友范围，拓展了留学生的"朋友圈"。

---

① 学校招收和培养国际学生管理办法［EB/OL］.（2017-03-20）［2022-11-17］.http：//www.moe.gov.cn/srcsite/A02/s5911/moe_621/201705/t20170516_304735.html.

"我们也一直致力于做知华、友华、爱华方面的工作,比如说读懂中国系列和中医文化系列,一个是弘扬中国文化,想从这个方面让他们了解中国的医疗体系;再一个是鼓励跨文化交流,我会组织中外学生台球友谊赛、小型运动会等。以前留学生订个羽毛球场地,也要来找我,我发现通过这些活动,他们交到了朋友,再遇到这些问题,他们就去问同学了。所以希望这种跨文化交流,让他们能够更多地和别人交流。"(辅导员 A)

辅导员通过新生适应性活动以及国情教育、文化活动,降低了留学生的"文化休克"概率,增强了其专业认同和学院归属感。

"我开展了适应性教育方面的工作。我们会举办留学生专场入学典礼,给留学生发学院纪念衫。然后再邀请一些留学生对整个校园做介绍。会邀请教务老师对留学生进行选课培训,这对每个新生是必备的。留学生需要专人进行专场指导,才能更快地适应留学生活,而且我们是本科、硕士、博士分开做,这样更有针对性。我还组织了好多场了解中国风土人情的文化活动,比如带留学生去朱家角,带他们去上海的各类展馆,开展了一系列活动,也收到了一些成效,留学生对我们学院及专业的认同感增强了。"(辅导员 C)

学生的学校归属感体现在学生对学校在思想、情感和心理上的认同和投入,愿意承担学校成员的责任和义务,并乐于参加学校活动。研究表明,学生的学校归属感若得到满足,不仅可以强化其动机,还能够影响其行为(张萌、李若兰,2018)。透过辅导员对留学生的社会支持,增强了留学生的归属感。这对于在外求学的留学生来说,尤为重要。

(五) 就医支持与中国认同

几位辅导员都有谈到对来华留学生的就医支持。由于留学生对中国医疗体系不了解,加之语言障碍,在就医过程中可能会遇到困难,辅导员在留学生就医方面给予了大量支持。

"有一天她在食堂就餐的时候突然晕倒,校保卫处把她送到医院,然后我收到紧急电话就马上赶到医院，陪着她去做了核磁共振和血液检测。几个小时之后她人清醒了，情况也稳定了，我才把她送回学校，那时已经是深夜了。"（辅导员 E）

一位辅导员讲述了陪同住院留学生的过程。

"我印象特别深刻的是 2015 年 9 月中旬，我们学院有一个伊朗的女学生患了渐冻症。她在中国没有任何亲戚，我们要全程陪护，我还陪着她去做 CT。检查完之后就住院了，住院期间我跟另一位老师轮流去看她。她有事了，也不能没人管她，对不对？ 总得有个老师跟着她，我就跟着她，她又不会说中文，我就一直陪同着。"（辅导员 C）

辅导员能够在留学生生病期间给予最及时的支持，这对于离开家园、跨国学习的留学生来说无疑是雪中送炭。在来华留学生接受高等教育的过程中，辅导员作为留学生人际网络关系的重要组成部分，对留学生适应中国、认同中国起到了至关重要的作用。

第三节　本章小结

第四章的量化研究帮助我们从普遍意义上了解留学生认同中国的心理机制，但是每个个体认同中国所需要的时间、过程和方式是有差异的。因此笔者对 13 位来华留学生进行了深度访谈，挖掘影响来华留学生认同中国的个性化因素，绘制出留学生认同中国的个体画像。同时，也对 5 位来华留学生辅导员进行了访谈，从他者角度看待来华留学生认同中国的重要影响因素，并绘制来华留学生认同中国的群体画像。通过质性研究，我们惊喜地发现了一些有趣的共性规律。

一、对中国文化的兴趣是认同中国的加速器

笔者访谈发现，几位对中国认同程度较高的来华留学生普遍对中国

文化很感兴趣。他们中有的人从小就接触过《西游记》，有的人参观过三四次兵马俑，有的喜欢中国茶和陶艺，还有的特别喜欢中国美食。中国文化的博大精深成为一部分留学生来中国接受高等教育的重要驱动力。在这种驱动力的作用下，来华后的留学生主动增加与中国文化的接触，主动尝试与本国文化完全不同的文化体验，逐渐习惯甚至喜爱上中国文化，对中国的认同感增强。关于来华动机，访谈中也有一部分同学提到是受家庭的影响，或是出于对中国经济水平和未来发展的工具理性判断，或是对未来职业规划的提前谋划。无论如何，通过访谈可以发现，那些执着地热爱中国文化，保持好奇心和主动融入感的来华留学生，认同中国的程度更高。

二、语言壁垒会阻碍来华留学生认同中国

E 同学的访谈证实了这一点。他来华已经 20 多年了，但是由于中文不够流利，在文化融入方面受到了一定的限制。中文水平不仅影响来华留学生对中国的认同，还影响其双文化认同整合程度。这一发现与本书第三章的研究结论一致。这也进一步证实了前人的研究结果。一项针对在美国的外国人双文化认同整合的研究发现，文化融合度高的人也往往更美国化，他们在美国待的时间更长，英语水平更高，使用英语的频率更高，语言障碍更少，更多地认同美国文化。因为他们对英语有更广泛的接触，这有助于形成一个融合的身份（Huynh，2009）。另一项研究也表明，双文化认同整合除了与个体性格有关，与个体的东道国语言水平也有关。较低的双文化融合度和和谐度都可能源于人格因素以及更大的语言障碍（Benet-Martínez and Haritatos，2005）。

三、丰富的本地社会网络关系有助于加速留学生认同中国

访谈中发现，一部分留学生能够主动拓展在中国的社会网络关系，他们的好朋友不仅仅局限于本国同学，而且还包括不少中国同学和老师，甚至愿

意主动接触当地社区的陌生人。这种丰富的社会网络关系能够帮助他们尽快适应留学生活,增进对中国的立体式了解。研究表明,"互动积极与否,对留学生的收获和发展产生显著影响"(Engberg,2007)。另一项研究也证实:"与多元化背景的学生进行积极的、有意义的互动,能够增强学生的文化意识,增加他们对社会事务的兴趣,增强应对社会压力的信心,并且能够提高观察其他人的能力。"(Hurtado,2005)一方面,与东道国朋友的良性互动有助于增进留学生对东道国文化的理解,提高认同感;另一方面,在华裔美国人的样本中发现,双文化认同整合程度高的留学生的社交网络包括更多东道国的朋友,他们的东道国朋友比同胞朋友更多(Huynh,Nguyen and Benet-Martínez,2011)。社会整合度高且拥有本地朋友的人,其压力小,与东道国成员共处时间越多的留学生,其心理适应问题越少。因此,与东道国的社会网络关系和留学生双文化认同整合水平相互影响、互相促进。来华留学生主动结交中国朋友,有助于增强留学生对中国的认同,而对中国的认同感能帮助留学生结交更多的中国朋友。

四、同伴示范作用和压力对留学生的跨文化适应影响显著

与东道国成员交朋友是促进留学生学术和职业目标达成的有效方式。具体表现如东道国学生能为留学生提供信息支持,即提供语言和学习上的帮助(朱国辉,2011)。访谈中不少留学生都谈及向中国学生请教和获得帮助的例子。个别同学在实验室中受到群体示范作用的影响,改变了个体的行为和学习态度,与中国同学一起增加学习投入时间。也有的留学生加入联合培养项目,班级中一半中国人一半外国人,在这种群体中,群体示范作用更加突出,同辈群体的投入通过群体规范影响了留学生的行为,也帮助留学生更好地适应中国文化。在群体动力学理论下,群体不仅可以通过示范作用引起个体行为变化,还会带来群体压力。访谈中不少留学生提到中国学生"非常努力""非常优秀""这些东西他们初中、高中已经学过了""他们最重要的事情就是学习",这也给留学生带来无形的心理压力。

五、消极的互动体验成为来华留学生认同中国的障碍

Benet 的研究表明，双文化认同整合与重要的背景和个性变量有关。具体来说，在双文化认同整合的融合与分离维度上，较低的融合度与性格和行为表现有关。例如，对新体验的开放度较低，语言障碍更大，以及生活在文化更孤立的环境中，都会导致较低的融合度。而在和谐与冲突维度上，较低的和谐度与人格特质有关，在很大程度上表现为人际交往的特定特征和压力。例如更敏感的神经质、更强的感知歧视、更紧张的跨文化关系和更大的语言障碍都会导致较低的和谐度（Benet-Martínez and Haritatos，2005）。Benet-Martínez 的研究结论在本书的个体访谈中也得到了印证。少部分留学生，尤其是华裔留学生感觉到被孤立和被排斥，不仅在学术分组中，还在同辈交往和互动中感知到了消极体验。消极的互动体验会阻碍留学生的发展机会，增强他们的社会隔离感（Rose-Redwood，2010）。

在访谈中发现华裔留学生的身份认同困扰相对更严重一些。例如从小在中国长大的 B 同学，理应更能融入中国，但是中美两种文化身份在她内心呈现割裂状态，难以融合统一。这种强烈的冲突感伴随留学生跨文化学习的全过程，在身份认同上呈现出矛盾的心态，使其更为敏感地感知到"被排斥"的感觉，限制了她积极融入中国同辈群体中，"我是谁"的思考伴随她留学生活的始终。

六、良性的导学关系是促进留学生学术发展的前提条件

积极融洽的学术互动能够打造良好的导学关系。良性的导学关系能够在一定程度上帮助留学生尽快适应科研工作，减少来华留学生在科研方面的不适应性。研究表明，客观因素对导学关系的影响很小，而起根本作用的是学生与导师互动行为背后稳定的心理特征（杜静、王江海、常海洋，2022）。留学生和导师面对面的交流，不仅可使留学生获得科研启发，更是其价值观和思维方式受熏陶的好机会。但是访谈发现，个别来华留学生缺乏与导师

面对面的交流，导师的科研指导效果有限；个别留学生不能认同实验室管理规定，不愿意打扫实验室卫生；还有的留学生不愿意为了实验加班工作，导致实验进度缓慢。辅导员反映的这几个案例都从侧面说明了部分留学生还无法适应中国实验室的节奏和要求，对既定规则和管理模式存在抗拒心理，在科研学术适应方面存在冲突，难以从内心真正产生认同。科研方面进展缓慢或者不顺利，导致了留学生的满意度降低，从而限制了来华留学生对中国文化的探索和热爱，阻碍了来华留学生认同中国的进程。

七、通过逻辑认同，有效激发留学生认同中国

访谈中发现，辅导员自主设计了一些文化活动，目的是增强留学生对中国文化的了解，丰富留学生的课余生活，帮助留学生拓展人际网络。但是有时候活动并没有引起留学生的兴趣，参加人数寥寥无几；也有的留学生对学校的签到制度、保险制度等不理解、不配合；或者对管理者给予的大会发言机会不珍惜，甚至承诺后随意失约。这里种种现象都表明了留学生辅导员作为管理者代表高校组织，其行为逻辑与留学生作为跨文化学习个体的逻辑之间存在冲突。这种逻辑冲突导致留学生与管理者之间的沟通呈现"无效状态"，让留学生感到困惑，也让辅导员感到无奈。当这两者的逻辑存在较大分歧时，特别是当留学生对学校管理或者课程设置等方面存在强烈的冲突性认知时，留学生通常采取逃离或者抗争性的行动摆脱这种冲突带来的强烈认知失调。例如，无故不出席会议或者拒不缴纳保险费。为了协调两种逻辑的一致性，一方面，留学生可以调整自己的认知，跳出自己固有的思维定式，持开放和包容的态度，尝试理解管理者的逻辑；另一方面，管理者也要注意留学生的个体差异，充分考虑留学生的合理化诉求，慎重选择跨文化教育的形式，特别关注造成个体强烈抵制情绪的根源，适时合理地调整工作模式。例如，从留学生角度设计跨文化活动的形式，逐渐形成管理者与留学生个体逻辑的一致性，加速来华留学生对中国的理解和认同。

质性研究中发现的有趣现象，既印证了双文化认同理论的部分结论，也拓展了留学生双文化认同理论在中国文化情境下的应用。从定义上来看，

双文化认同整合是从丰富的双文化文献以及文化适应的广泛回顾中得出的，它捕捉的是双文化者感知到的母国文化与东道国文化身份是相容的、一体的还是对立的、冲突的。本书关注的是双文化者的个体差异，侧重于来华留学生对于双文化身份的主观看法，尤其是对于东道国——中国的主观认知和感受。在访谈中发现，对中国认同程度高的留学生倾向于将自己视为"连字符文化"的一部分，很容易将母国文化和中国文化融入他们的日常生活，在他们内心可以从容而优雅地兼容这两种文化，没有感受到这两种文化的排斥、对立或冲突。反之，对中国认同水平较低的来华留学生，难以将两种文化融入一种有凝聚力的认同感中。虽然他们也认同两种文化，但是他们对特定的紧张关系特别敏感，并将这种不相容性视为内部冲突。管理者需要及时关注，并加以引导，帮助来华留学生最大限度地体验文化的和谐感和统一感。

第六章

策略研究：提升来华留学生认同中国的多维路径

留学生从坐上飞机,迈入新的国家,开始留学生生活之际,他们就不可避免地跨入新的文化中。带着对新文化的好奇、忐忑甚至不安,留学生开始了跨文化适应的过程。然而,跨文化适应的过程并不是一帆风顺、一蹴而就的。留学生成为新的文化中的陌生人,他们面临新的文化符号、新的生活习惯、新的教学体系和科研系统,他们发现适应新的文化并不是自然而然发生的,需要他们持有开放包容的态度,对新鲜事物和文化充满好奇心,愿意主动接触东道国的人,积极寻找东道国文化与本国文化的共同点,在自己的内心形成新的文化共识,成为双文化认同整合程度较高的个体。

本书通过量化研究和质性研究相结合的方法,在梳理大量的文献,进行文献的可视化图谱分析之后,逐步探索和发现了一些有价值的研究结论。

第一节　来华留学生认同中国的
影响因素、过程与特征

一、文化、双文化以及双文化认同整合

　　文化包含着人们精神生活的全部内容,体现着人们的世界观和价值观,承载着人们的精神世界,也展现了人们交际的方式和内容。不同民族的人们承载着不同的文化血脉,形成了不同民族的文化信仰和精神图腾。世界范围内的人口流动,使得各种民族的文化融合、交织在一起,形成新的文化特征和符号。

　　人本能地有归属的需要。成功地归属于某一社会群体能给个体提供安全感。对于留学生而言,他们不仅要面临全新的文化环境,学习新文化环境中的行为、文化规范,进行社会适应,还要对不同文化进行甄别从而在心理上形成归属感(Berry,2005)。这种归属感在心理学上也被看成是文化的认同。早期社会学家认为少数群体对于主流文化的认同是单一维度的,即少数群体会被主流文化所同化。后来心理学家和社会学家逐渐意识到两种文化是互相影响、互相塑造的。由此跨文化适应不再是一维的模式,更多的因素被考虑进来,跨文化适应的二维模型、三维模型以及多维模型应运而生。

　　当个体接触新的文化时,新的文化与个体原有的文化相互作用,使得个体拥有两种文化体系,个体可根据情境要求及时启动相应的知识体系以指导个体的认知与行为,或者在不同的文化情境下不断切换原有文化与新文化的线索来实现同时拥有两种文化取向。这种具备两种文化取向的个体被称为双文化个体。留学生作为典型的双文化个体的一部分,需要接触、了解、掌握东道国文化,并与本国文化进行内在的相互作用,在留学生内心形成统一、和谐的文化体系,这一过程称为双文化认同整合的过程。研究表明,相比于同化、分离与边缘化,整合是双文化个体最经常采用的策略(Berry et al.,2006)。双文化认同整合通过两个维度进行测量,冲突与和谐

维度衡量的是个体在两种文化取向下感受到的是紧张、冲突还是一致性；混合与分离维度衡量的是两种文化在个体身上分离或是重叠的程度。双文化认同整合可以通过量表进行测量，分数越高，说明母国文化与东道国文化在个体心中和谐以及重叠的程度越高，也就是说个体感受到了两种文化一致性以及和谐感。诸多研究表明，双文化认同整合程度越高的个体适应性越好、主观幸福感越高、自尊水平越高，同时抑郁和孤独感越少。研究也表明，双文化认同感高的个体，往往可以交到更多的东道国朋友，他们的社会支持网络更加完善。

二、来华留学生认同中国的过程

有学者在总结多篇国外文献的基础上，把双文化认同整合的过程归纳为四个阶段（周爱保、侯玲，2016）。结合留学生的跨文化实践以及访谈，笔者发现来华留学生认同中国也呈现出四个阶段。

首先，寻求一致性。当留学生把中国作为留学目的地国并来到中国接受高等教育时，留学生就已经开始进行自我锚定的过程，个体会将自我的个性特征以及人格特征投射到新的社会群体，他们会认为新的社会群体也具有与自己相同的一些特征。例如，"我们班的同学也都挺好的，我跟他们关系挺好的，一起去图书馆，一起打球，就像一家人。"留学生通过不断寻找中国文化身份与自己原有的文化身份相同或者相似之处来进行整合。这一投射过程是留学生寻求一致性的过程，也是留学生探索和认知新文化，与中国文化建立认知联系的过程。

其次，当留学生在中国生活了一段时间后，面对新的文化群体，他们意识到中国文化与本国文化或自身所持有的文化特征有不少不一致之处。他们开始关注到文化之间有不同的行为规范、价值准则，甚至有些与个体所持有的价值观相违背。此时留学生面对中国文化会感到不知所措或者左右为难。他们难以认同中国文化中的一些规则和规范，还无法将自己视为中国文化群体中的一员。

再次，随着留学生接触中国文化越来越多，拓展了在中国的社会网络关系，逐渐适应了留学生活，他们开始把中国文化中的某些特征内化到自己意识中，他们开始关注到中国文化与原有文化之间的链接，虽然这种链接建立得还不稳固，但是他们开始意识到两种文化的相似之处。例如，访谈中有留学生谈道："我也觉得中国人讲义气，我的中国朋友对我很好，和中国人交朋友感觉很好。"但是在不同情境下，个体仍然可能体会到两种文化的分离感，他们尝试在两种文化框架中转换，在不同文化环境下激活不同的文化身份和内核。例如，"现在我还不习惯每天都吃中餐，所以我一般是一天吃中餐，一天吃西餐。"

最后，即双文化认同整合阶段。留学生在经历了文化分离、文化冲突之后，开始寻求更为有效的策略来解决这些冲突。他们开始主动寻求两种文化的相似性，建立两种文化之间稳固的链接，他们建立了不同文化身份间的认知联系，寻求两种文化共通的价值观、行为规范以及文化准则。他们珍惜原有文化的核心价值观，也对中国文化持有开放态度，不断吸纳中国文化的精髓，他们开始感受到一致性和和谐感。他们发现不同的文化身份都是自己整合的一部分，文化身份不再由文化环境单独决定。正如一位留学生所说："不仅仅是语言，现在我学会了中国人的思维方式，对我来说，现在有阿拉伯人的思维方式，有中国人的思维方式，对我的生活，对我的思考，会有很大的变化。"通过双文化认同整合，母国文化与东道国文化可以以一种积极的、截然不同的方式成为个体整体自我的一部分。至此，来华留学生既实现了对中国文化的认同，也实现了双文化认同整合的过程。

三、来华留学生实现双文化认同整合的影响因素

是否每个个体都会随着时间的推移自然而然跨越这四个阶段实现双文化认同整合呢？本书第三章对全国 26 个高校的抽样研究表明，来华留学时间少于 6 个月、6—18 个月以及 18 个月以上的三类样本对中国文化的理解存在显著性差异，也就是说来华时间越长，留学生对中国文化的理解就越深。但是来华时间与双文化认同整合的相关性不是非常显著。通过访谈，我们也发现，并不一定来华时间越长的留学生，就自然而然获得更高的双文

化认同整合程度。例如一个已经来华 20 多年的博士生，由于语言壁垒，其双文化认同整合程度并没有很高。可见双文化认同整合与来华时间并不一定是简单的线性关系，它还受到诸多因素的影响。

实证研究中，笔者把来自全国 26 所高校的 654 个留学生样本按照不同的中文能力分为 5 组，分别为不懂中文、能听懂一些、能够简单对话、流利的日常听说能力以及能自如应用中文。经卡方检验，不同中文水平的 5 组样本中，双文化认同整合的皮尔逊卡方 $\chi^2 = 130.437$，概率 $P = 0.011$，小于 0.05 的显著性水平，可以认为不同组别之间具有显著差异。也就是说，中文水平不同的来华留学生，双文化认同整合程度存在明显不同。

除此之外，针对全国的抽样结果还表明，与非华裔留学生相比，华裔留学生对中国文化的理解程度较高，其双文化认同整合水平也较高。量化研究结果也显示了从文化智力到双文化认同整合的路径上，相比于非华裔留学生，华裔留学生显示出了更强的正相关性。这是因为华裔留学生在成长环境中或多或少接触过中国文化，对中国文化的陌生感没有那么强，因此来华留学后能够更有效地整合原有文化与中国文化，达到更高的双文化认同整合程度。虽然在整体样本上，华裔留学生比非华裔留学生显示了更高的双文化认同整合水平，但是基于对留学生个体的深度访谈发现，个别华裔留学生反倒体会到了更强烈的文化分离感，他们明显感受到在群体中受到排斥和孤立，觉得自己在两种文化环境中都是"圈外人"。个别华裔留学生在苦苦追寻"我是谁"的过程中，体会到了两种文化深层次的冲突感和分离感。

四、来华留学生认同中国的心理机制

面上调研得知，全体样本中有 80% 的来华留学生具备一定的中文能力，能够用中文对话或具有流利的中文听说能力；65% 的留学生来中国已经超过一年半，他们对中国的总体印象较好，其中 85.86% 的留学生对中国的总体印象评分大于等于 7 分（最高为 10 分）；超过 80% 的来华留学生认同"中国是负责任的大国"以及"中国是和平发展的大国"这一观点。

来华留学生认同中国的心理机制是极其复杂的，是多因素交互影响的有机整体。为了获得留学生这一群体认同中国的共性规律，本书采用有调节的中介变量检验了几个重要因素对来华留学生认同中国的影响。在第四章的量化研究中，采用双文化认同整合量表测量来华留学生在保持母国文化的基础上认同中国的程度。研究表明，文化智力对留学生双文化认同整合具有显著的正向影响；跨文化排斥敏感度在文化智力和双文化认同整合之间起中介作用；文化智力通过跨文化排斥敏感度影响来华留学生的双文化认同整合程度。跨文化排斥敏感度的中介效应受到文化距离的调节。有调节的中介作用模型探索了文化智力对双文化认同整合的作用机理。

（1）来华留学生的文化智力对其双文化认同整合有显著的正向预测作用。这是对"文化智力在解释跨文化适应上具有显著意义"研究结论的进一步拓展和深化，验证了在来华留学生群体中文化智力对于文化适应的重要作用。当面对中国新的文化环境时，文化智力高的留学生能较好地将母国文化与中国文化相融合，可以游刃有余地在两种文化间进行自由切换，从而提高自身双文化认同整合的程度。

（2）跨文化排斥敏感度在文化智力与双文化认同整合之间起到中介作用。研究表明，文化智力高的来华留学生可以感知到更少的文化冲突，相应地也会较少体验到焦虑、抑郁等负面情绪，进而减少跨文化排斥焦虑感带来的自我消极认知偏差，逃离自我消极的恶性循环，帮助他们更好地建立与中国人民的友好联系，增强对中国文化的了解和认同，从而提高来华留学生的双文化认同整合水平。

（3）近文化距离是文化智力发挥作用的重要边界条件。文化距离在"文化智力→跨文化排斥敏感度→双文化认同整合"这一中介路径中发挥调节效应。研究表明，与文化距离远的来华留学生相比，对文化距离近的留学生而言，文化智力通过降低其跨文化排斥敏感度，从而提高其双文化认同整合程度的效果更强。文化距离越近的个体，在发挥文化智力的积极作用时，会产生更多的整合，而较多的整合更有利于在原有文化与新文化的知识库之间建立更稳固的联系，而这种联系可通过降低跨文化排斥敏感度，促进双文化认同整合。此外，从班杜拉的交互决定论（即人与环境是相互作用的）

可以推断,文化差异越小的环境更有利于个体进行自我调节,更好地发挥文化智力对来华留学生双文化认同整合的提升作用。

(4) 相比于非华裔留学生,华裔留学生跨文化排斥敏感度更低($\beta=-0.19, p<0.05$),同时其双文化认同整合度更高($\beta=-0.4, p<0.001$)。由于华裔留学生在成长的过程中,有更多机会接触和了解中国文化,对中国文化更熟悉,因而在其母国文化与中国文化的切换中更加自由流畅,显示了更高的整合程度。

量化分析帮我们找到了统计学意义上的普遍规律,让我们了解了来华留学生的文化智力对其双文化认同整合影响的过程,验证了提升文化智力以及降低跨文化排斥敏感度在双文化认同整合中的重要作用。文化智力可以通过国际经验的积累以及积极的跨文化接触体验等方式来提高,而跨文化排斥敏感度可能与个人特质或社会支持有关。双文化认同整合的模型框架为后续研究提供了基础,也为获得有效的干预措施以及积极的促进策略提供了理论基础。基于个体,来华留学生认同中国的心理机制还受到诸多非统计学意义上的变量所影响。为此,笔者对来华留学生以及来华留学生辅导员进行了深度访谈,从来华留学生视角以及从辅导员他者镜像视角映射来华留学生认同中国的心理过程,描绘出来华留学生的个体以及群体画像。

五、对中国认同程度高的留学生个体特征

留学生来华留学不仅是一段跨国接受高等教育的历程,更是一段自我发现,丰富留学生对世界、对文化、对自我的认识之旅。质性研究发现认同中国程度高的来华留学生具备一些共性特征。

(1) 中文流利。他们愿意努力学习中文,他们创造更多机会运用中文表达。"因为我也喜欢跟别人交流,跟中国人做朋友的方式对我学习中文很有用。我觉得比在学校读书更有效果。学习语言老师教给你的占5%,95%是靠你自己练习。"(留学生 A)即使他们的中文表达并不地道,或者有些时候词不达意,可能造成误解,但是他们不害怕犯错,抓住机会讲中文,因

此中文水平相对更高一些。"如果你没有犯错误，别人就没有机会帮你纠正。那时候我学习中文就像鹦鹉一样的，别人说什么我都模仿他，我不管他有没有笑我，我要学习。"（留学生 A）

（2）他们充满好奇心，喜欢中国文化，甚至对中国文化具有极大的热情，希望去探索、去了解。他们中有的已经走过了大半个中国，有的喜欢中国茶和陶瓷，有的去看过兵马俑三四次，有的喜欢看中国的电影和连续剧。基于这份对异国文化的热情，他们更愿意敞开心扉接受不同文化的熏陶。

（3）他们从实验室、班级中得到同伴示范效应而获得群体动力。虽然有时候他们也能够清晰地感受到群体压力，"这些东西他们初高中已经学过了，可我还不知道"（留学生 A）。但是他们努力调整，不断追赶，把压力化为学习的动力。"大三的时候，我就感觉我的水平跟中国同学已经接近了。我自己去分析、去理解。那时候我一直问，我们班的同学也都挺好的，我跟他们关系挺好的。"（留学生 A）看到中国同学的优秀，他们想努力追赶，成为更优秀的自己。"中国同学比较努力，他们想获得更好的工作，然后会更加努力，这对我生活的影响也比较大的，就让我也更优秀一点。"（留学生 M）

（4）他们具有良好的社会网络关系，与导师、同学、辅导员、其他工作人员甚至社区居民都保持了良好的互动。"我在中国学习最喜欢的一点就是每个人都有导师，然后有问题也可以去找导师问问，然后导师也会给我们一些合作的机会。"（留学生 F）"来交大之后也有几个关系比较好的朋友，比如韩老师（留学生辅导员），还有 Jim。"（留学生 K）在互动中获得了积极暗示，通过丰富的社会网络关系和有效的人际支持体系，他们的留学生活似乎更加顺利。

（5）他们在日常生活中能够充分利用国人常用的各类应用软件。留学生与国内大众媒体的接触程度也是衡量留学生融入中国的一个维度。这些媒介帮助留学生更好地了解中国社会的运行状态和百姓日常生活，能够帮助留学生加速了解真实、立体的中国。

（6）他们具有较高的文化智力，能够分辨母国文化与中国文化的不同点，他们具有较低的跨文化排斥敏感度，也会积极寻找两种文化中的有效链接。"这也是我学习翻译专业的原因,就是想当中国文化和外国文化之间的桥梁,就像马可·波罗一样。"(留学生 F)他们愿意调动自我能动性,不断吸收新的规则以及文化规范,他们的内心世界由此变得更加丰富。"不仅会从一个意大利人的角度考虑问题,而且学会了从中国人的角度去思考。"(留学生 K)

来华留学生保留本国文化并吸收中国文化,这一过程带给留学生积极的意义。它丰富了留学生思考的维度,使留学生兼收并蓄两国文化的精髓,在他们内心世界,这两种文化是和谐统一、有机融合的。访谈发现,双文化认同整合程度高的留学生拥有更多的本地朋友,留学满意度也较高,他们更乐于向他人介绍和分享不同的文化,也更愿意把中国作为留学目的地国推荐给他人。

访谈也发现部分留学生还无法有效整合两种文化,他们有的无法充分理解中国语境下的邀约与承诺(例如,报名后没有参加活动,或者缺席重要的会议);有的感知到消极的文化体验,例如小组学习中受到排斥与孤立;有的无法与导师保持良好的面对面沟通;有的习惯于原有的科研作息,无法适应科研压力与节奏;有的内心抵触实验室的规定;有的留学生个体逻辑与管理者逻辑产生强烈冲突;也有的留学生对自己的身份认同存在困惑。这些现象表面上反映了来华留学生的适应性问题,但是实际上都与来华留学生内心中两种文化的冲突和对立有关,需要引起来华留学生本人以及学校管理者的重视。

第二节　对策建议

理论犹如灯塔,让我们拨开重重迷雾得到指引。理论研究也并不仅仅是为了让理论本身更加丰满,最终的目的是使我们的实践和行动获得准确的指引。通过一系列的研究,我们了解了来华留学事业发展的历史和现状,掌握了来华留学生双文化认同整合的概念、作用、测量方法、心理机制以及影响因素,我们也深入剖析了来华留学生个体和群体认同中国的过程和差异。上述研究结论，可以为留学生以及相关教育主体采取行动提供坚实的基础和有利的依据。来华留学生珍视本国文化的精髓，同时增进对中国文化的理解与认识，形成和谐统一的双文化认同，这不仅需要留学生本人的努力，也需要国家、高校、教师以及其他社会主体的共同努力。

基于本书的研究结论，在提升来华留学生中国认同感从而实现双文化认同整合的实践中，笔者提出如下行动建议。

一、加强中文教育，提高留学生中文沟通能力

留学生在异域文化的探索之旅，离不开语言这一重要的媒介。留学生来华接受高等教育的过程中，中文是他们完成学业、提升学术水平的重要工具，也是增进其对中国文化的理解，加速跨文化适应的基础。Ward 和 Kennedy(1999)的研究表明，社会文化适应以行动能力来定义，受到语言流畅度的影响。在他们设计的跨文化适应量表中，把"了解当地人的语言、口音"作为一个重要的考察因素。教育部《来华留学管理质量规范（试行）》规定，来华留学毕业时中文能力应该达到《国际汉语能力标准》（HSK）五级，全英文授课专业应达到三级。来华留学生，无论是在华还是归国工作，都应积极助力于推动不同文明的交流互鉴，发挥增进不同文化交流的积极作用，而具备一定的中文基础，无疑能够助力其更好地发挥作用，因此有必要进一步提高来华留学生的中文水平。

前文针对国内 26 所高校的抽样调查结果显示：有 3% 的来华留学生不懂中文，有 17% 的来华留学生仅能听懂一些中文。本书的调研对象是在华学习的学位留学生，不包含预科留学生，也不包含语言生和短期交换生。对于学位留学生来说，这一中文水平还不尽如人意。笔者在实际工作中观察到以及与留学生的访谈互动中了解到，部分高校开设的硕博士全英文授课项目，对于来华留学生入学时的中文水平不做硬性要求，但是要求其毕业时能够达到相应的中文能力。如果高校能够开设更多类型、不同水平的中文课程，将会给来华留学生提供更多有针对性的课程选择。

二、丰富跨文化教育，夯实留学生认同中国的整合力

以培养知华、友华留学生为目的的文化育人功能的实现，需要在中国文化课程建设、实践性体验教育、跨文化活动引导上，丰富内容、创新形式、增强效果，这样才能提高来华留学生的中国认同感。

1. 通过中国文化类课程建设丰富第一课堂教育内涵

第一课堂是留学生接触中国文化，熟悉中国历史、地理、社会、经济等国情和文化知识的最主要阵地。高校应积极开设符合国际标准、对接国家战略、特色鲜明的文化类课程，并为留学生提供更多的通识课程选择。在访谈中，有的留学生谈到"我很喜欢'中医药文化'这门课程，可以学到很多关于中国的东西，中国的中医、文化等各个方面"（留学生 K）。而另一个同学却说："我希望有一些更专业的课程，因为我们有选修课和必修课，选修课我们还是得选一些我不需要的课程，比如说'中医药文化'，因为我需要学分。"（留学生 I）可见，面对同样的课程，由于留学生具有不同的兴趣点和需求，对课程的评价完全不同。如果我们可以提供更丰富的课程供留学生选择，相信能够更容易与留学生产生强烈的共鸣，从而达到更好的授课效果。

2. 通过实践性体验教育完善第二课堂教育内容

《来华留学生高等教育质量规范（试行）》提出了留学生实践教学的总体要求，并明确要有计划地组织留学生参加中国国情和文化体验性活动，让留学生参与大型活动、大型赛事的志愿服务，深入社区、敬老院的社区活动，深入当地民风民俗考察活动，促进留学生与中国社会产生良性互动。通过感受认识中国文化、通过实践体验中国文化、通过参与理解中国文化，帮助留学生在鲜活的体验和丰富的实践中触摸中国社会发展的脉搏，在交流和思考中探究中国发展模式的特点和亮点，助力留学生主动找到本国文化与中国文化的链接点，增进对两种文化间共性的思考，减少文化的冲突感和疏离感，增强对中国的认同，进而提升自身双文化认同整合的程度。

3. 通过跨文化活动增强参与式情境教育的有效性

积极构建中外学生跨文化交流的平台，通过参与式、情境式的文化活动

激发留学生对中国文化的兴趣。在与辅导员的访谈中我们发现，部分高校专门为留学生组织的活动并不一定能吸引留学生的积极参与，这对我们教育工作者的情境式教育活动的组织能力提出了更高的要求。高校以及留学生的管理部门应该增强与留学生的沟通和对话，了解留学生当下需要什么样的活动，知晓留学生希望提高哪方面的能力，邀请留学生参与活动设计和组织的过程，因为活动设计和组织的过程本身也是一种有效的跨文化教育。以往研究发现，文化智力是具有可塑性和建构性的一种心理特质，可以通过后天的培养而提高。高校管理者可以通过开设提升文化智力的相关课程或专题讲座、工作坊等形式，积极探索提升留学生文化智力的多维路径，提升留学生的跨文化适应性，削弱跨文化排斥敏感度带来的消极影响，使其最终实现双文化认同整合。

三、推进辅导员队伍建设，筑牢留学生认同中国的嵌入力

2017年颁布的《学校招收和培养国际学生管理办法》首次提出设立来华留学生辅导员岗位。2018年教育部50号文再次强调了来华留学生辅导员的配备比例、工作职责及队伍素质要求。这是我国加强来华留学生教育和管理的重要举措，也是辅导员专业化分工的具体要求。

1. 辅导员要"嵌入"留学生的"朋友圈"

在与留学生辅导员的对话中，笔者除了听到关于留学生的各种故事，获得了留学生在"他人眼中的镜像"之外，笔者也深刻体会到了留学生辅导员的艰辛与不易。这支队伍不仅是高校来华留学生日常学业管理和生活服务管理工作的组织者、实施者和指导者，更在努力成为留学生在华学习、了解中国社会的指导者、传播者和中国朋友。留学生辅导员协助留学生处理大学生常见的学习、交往、就业等方面的问题，处理迷茫、空虚、浮躁、抑郁等情绪和心理困惑；辅导员主动走到留学生中去，主动"嵌入"留学生的"朋友圈"，与留学生形成稳固紧密的关系；留学生辅导员只有通过为留学生提供实质性的指导和帮助，通过为留学生答疑解惑，通过"春风化雨"般的引导，才能赢得留学生的认同和信任，才能帮助留学生增进文化

理解力，提高文化智力。因此留学生辅导员要主动分析教育对象，细分不同留学生群体的差异，掌握留学生的个性特点，总结留学生工作的规律；要帮助留学生避免"文化休克"，处理好人际关系，缓解适应性压力；要主动掌握留学生的动态信息、群体特征、思想脉搏，这样才能避免中国主流价值观与留学生群体的多样化价值体系出现"隔阂"，才能帮助留学生增强对中国的认同感。

2. 辅导员要缩短留学生与中国文化的距离

由于留学生与本国文化的距离和中国文化不一样，文化距离近的留学生可能会快速融入，文化距离远的留学生在适应性上也许会遇到困难。这就要求我们的辅导员要因材施教，弱化文化距离的不利影响。根据来华留学生母国文化与中国文化的距离制定适当的措施来提高他们的双文化认同整合水平。对于与中国文化距离近的留学生而言，文化智力对提升留学生双文化认同整合的作用十分显著，因此提高留学生的文化智力是行之有效的方法。然而，对于与中国文化距离远的留学生而言，高校管理者需要给予其更多的关注与指导。创新工作方式方法，依据这类群体的特征寻求适当的解决措施，从而提高留学生的跨文化适应能力和双文化认同整合水平。

3. 辅导员要努力降低留学生的跨文化排斥敏感性

个体对新文化的敏感程度也不一样，在跨文化排斥敏感度量表中有一道题是："假如你去了学生保险办公室，工作人员正在向你解释学生保险单。你会担心因为你是外国人，工作人员可能会不耐烦地跟你说话吗？"请学生根据主观感受选择赞同或者不赞同。量表的设计者（Chao，Takeuchi and Farh，2017）通过大量的调研、访谈制定了影响留学生跨文化排斥感的相关问题，设计者认为在留学生办公室咨询是留学生在跨文化学习过程中可能会经常遇到的情境，所以以此情境性问题来衡量留学生跨文化的主观焦虑程度。如果留学生辅导员能够获得更高的职业成就感，就能够带着更多耐心、细心和同理心接待留学生，帮助留学生正视跨文化适应过程中的种种挑战，降低留学生的主观焦虑感。

4. 加强辅导员的培训，提升职业胜任力

高校和教育主管部门需要更有效地关注到留学生辅导员群体，通过有效的跨文化教育培训，提升辅导员的职业认同感和职业成就感。

第一，进行系统的岗前培训。各省区市主管部门及高校应制订成体系的培训计划和培训方案，使留学生辅导员对自己的工作对象、工作内容及工作方法有基本的认识。第二，定期进行专题培训。对专门从事某一方面工作的留学生辅导员进行来华国际学生心理咨询、涉外应急事件处理、来华留学生职业生涯规划等方面的专题培训。第三，提供挂职锻炼机会。上级部门或高校提供挂职交流的机会，能帮助辅导员从管理者的角度更准确地了解和把握来华留学生的整体情况。第四，建立留学生辅导员海外培训制度。为能力突出、经验丰富、工作成果突出的留学生辅导员提供海外交流学习的机会，使他们有机会到国外高校学习，总结国外高校在国际学生工作中的相关经验，从而创新工作方法，提高工作水平和职业能力。

四、善用网络媒介，扩大中国文化的传播力

访谈发现，媒介使用已经成为留学生跨文化适应的一个重要载体。因此，首先要巧妙地运用媒介这个传播载体，增加对外国人友好的媒介建设，提供多语种的媒介使用工具，优化媒介的内容供给，强化留学生文化认同的网络属性，增强留学生线上线下的同一性。习近平总书记在《加快推动媒体融合发展》中指出："在构建对外传播话语体系上下功夫，在乐于接受和易于理解上下功夫，让更多国外受众听得懂、听得进、听得明白，不断提升对外传播效果。"因此，要透过青年留学生感兴趣的话题，降低留学生对中国式传播话语体系的疏离感，要充分利用微信、抖音等青年留学生喜闻乐见的媒介形式，增强对留学生群体宣传的亲和力。

1. 提高网络治理能力，塑造来华留学生文化认同的典型

个别留学生违法或者违纪事件有可能导致极端化社会舆情的广泛传播，影响着来华留学生在大众眼中的整体形象，形成社会舆论对高等教育国际化的无形阻力。因此，要从整体上提升互联网治理水平，避免将个别留学生的个别事件发酵为网络上的"集体宣泄式狂欢"，尤其要大力传播来华留学生文化认同的典型，传播网络正能量，树立积极向上的留学生形象。

2. 坚持正确的舆论导向，塑造留学生正确的网络价值观

在复杂多变的网络环境下，"使主流媒体具有强大传播力、引导力、影响力、公信力，形成网上网下同心圆"，主动引导留学生关注中国改革开放的巨大变化、"一带一路"倡议以及构建人类命运共同体的价值理念。此外，还可以鼓励留学生参与"我眼中的中国"摄影大赛、短视频大赛等形式多样的网络宣传活动，这不仅能够强化留学生"我在中国留学"的身份认同感和自豪感，而且能够帮助留学生去思考中国文化和中国形象的内涵。

3. 把国家形象塑造融入网络媒介以及精神文化产品中

访谈发现，不少留学生在来中国之前印象中的中国，与来中国后感知的实际的中国是截然不同的。可见在海外，我国的国家形象塑造还需要久久为功。留学生来到中国后，国内的影视、文学、美术、艺术等作品，都是他们经常会接触的精神文化产品，因此在网络媒体以及精神文化产品的内涵设计上，要充分考虑到外国人这一受众群体，要有国家形象塑造的意识，展示时代特色，体现时代精神，注重文化内涵，这样才能在获得国际受众喜爱的同时，塑造良好的国家形象。

五、构建更广泛的群体认同，加强留学生认同中国的感召力

习近平总书记指出："这个世界，各国相互联系、相互依存的程度空前加深，人类生活在同一个地球村里，生活在历史和现实交汇的同一个时空里，越来越成为你中有我、我中有你的命运共同体。"人类命运共同体的思想，既是我国的外交战略，也是适用于高等教育国际化的战略。在推进留学生认同中国的过程中，"既要具备文化自信凸显中国特色，又要具有世界情怀为他国所共享"（马志霞，2019）。

1. 推进趋同化管理，增进中外学生交流

要积极推进中外学生趋同化管理，让中外学生有更多机会交流互通。趋同化管理与服务是各国接收留学生普遍采用的方式，在美国及欧洲高等教育中有着悠久的历史。在趋同化管理与服务模式下，来华留学生与中国学生具备同等的机会了解和学习中国文化，置身于多元文化的学习环境中，

也能让留学生明确自己的首要身份是"学生"，其次才是"外国人"。趋同化管理与服务体系包含对来华留学生的教学、教务、学术研究、住宿等趋向于中国学生相同的管理。我们不能将留学生"圈养"起来，要积极统筹资源，搭建中外学生跨文化交流的平台，实现中外学生平等对话、交流互鉴。

2. 构建中外学生更广泛的群体共识

留学生在中国接受高等教育，不仅是我国教育对外开放的重要体现，更是高校提升国际化水平的良好契机。在这一过程中受益的还有国内学生。国内学生可以不出国门结交外国朋友，接触不同文化与文明，体验跨文化交流，获得跨文化知识，实现"在地国际化"。然而，由于国内部分学生对留学生的刻板印象，或者对于留学生来源国文化的陌生感而产生对留学生的排斥，导致了来华留学生加深了跨文化排斥敏感性，更难以融入中国。国内学生要通过接触了解留学生群体，消除偏见，改变刻板印象，重新定义"我们"和"他们"，认识到彼此都属于一个被更广泛定义的群体，共享教育资源，共同提高对异文化的接纳程度，逐渐吸收不同文化的精髓。

3. 通过教学、管理与服务提高留学生的中国认同感

根据群际接触理论，情境中的平等群体地位、共同目标、群体间合作和权威支持这四个条件是构造最佳群际接触的必要条件（Pettigrew，1998）。因此，授课教师、辅导员、导师以及其他高校工作人员可以利用这一理论，营造中外学生平等的群体地位，在课堂或者其他活动中为中外学生设置共同的目标，鼓励中外学生开展群体间的合作，例如在课程分组中要求每组都要有中外学生共同完成的部分。费孝通先生说过：在处理跨文明关系、跨文化交流这样更复杂、更微妙的人文活动时，就要求我们运用一套特殊的方法和原则，最大限度地注意到"人文关怀"和"主体感受"（费孝通，2005）。因此，高校教职工要关注到不同的留学生个体，给他们提供及时和必要的支持，这样既能够增强来华留学生对于中国人、中国文化的亲近感，也会丰富国内学生的跨文化知识以及跨文化体验。

人类文明的多样性，也是人类不同文明延续和发展的最佳例证。"一种文明、文化，只有融入更为丰富、更为多样的世界文明中，才能保证自己的生存。"（费孝通，2005）留学生带着本国文化的瑰宝来到中国，既丰富了个体的

跨文化体验，也给华夏文明带来全新的文化元素。通过以上多维路径，希望来华留学生们能够丰富内心的文化体验，增进对中国的理解和认同，实现双文化认同整合。也希望中外学生在各自守护好本国文化特色的同时，尊重他国的文化理念，形成百花齐放的世界多元文明，最终实现人类文明的共同繁荣。

附录一
本书所用的相关量表

对中国文化的了解程度(中文版)

	请仔细阅读下面的每个陈述,并在最符合的数字上画○。	完全不同意	部分不同意	中立	部分同意	非常同意
1	我了解中国的法律和经济体系。	1	2	3	4	5
2	我了解中国的语言规则(如词汇和语法)。	1	2	3	4	5
3	我了解中国文化的价值观和宗教信仰。	1	2	3	4	5
4	我了解中国的婚姻体系。	1	2	3	4	5
5	我了解中国的艺术和手工艺品。	1	2	3	4	5
6	我了解中国文化中非语言行为的规则。	1	2	3	4	5

对中国文化的了解程度(英文版)

	Select the answer that best describes you as you really are, then you can **circle** the number which fits you with ○	strongly disagree	disagree	neither agree nor disagree	agree	strongly agree
1	I know the legal and economic systems of Chinese culture.	1	2	3	4	5

续　表

	Select the answer that best describes you as you really are, then you can circle the number which fits you with ◯	strongly disagree	disagree	neither agree nor disagree	agree	strongly agree
2	I know the rules (e.g., vocabulary, grammar) of Chinese language.	1	2	3	4	5
3	I know the cultural values and religious beliefs of Chinese culture.	1	2	3	4	5
4	I understand the marriage systems of Chinese culture.	1	2	3	4	5
5	I know the arts and crafts of Chinese culture.	1	2	3	4	5
6	I know how to express nonverbal behaviors in Chinese culture.	1	2	3	4	5

文化智力（中文版）

	请仔细阅读下面的每个陈述，并在最符合的数字上画◯。	完全不同意	部分不同意	中立	部分同意	非常同意
1	当我与不同文化背景的人交往时，我能了解到不同文化常识。	1	2	3	4	5
2	当与陌生文化中的人们交往时，我会调整自己的文化常识。	1	2	3	4	5
3	我能意识到自己在跨文化交往时所运用的文化常识。	1	2	3	4	5
4	当与来自不同文化的人们交往时，我会检查自己文化常识的准确性。	1	2	3	4	5
5	我了解中国的法律和经济体系。	1	2	3	4	5
6	我了解中国的语言规则（如词汇和语法）。	1	2	3	4	5
7	我了解中国文化的价值观和宗教信仰。	1	2	3	4	5

续 表

	请仔细阅读下面的每个陈述,并在最符合的数字上画○。	完全不同意	部分不同意	中立	部分同意	非常同意
8	我了解中国的婚姻体系。	1	2	3	4	5
9	我了解中国的艺术和手工艺品。	1	2	3	4	5
10	我了解中国文化中非语言行为的规则。	1	2	3	4	5
11	我喜欢与来自不同文化的人交往。	1	2	3	4	5
12	我相信自己能够与陌生文化中的当地人进行交往。	1	2	3	4	5
13	我确信自己可以处理适应新文化所带来的压力。	1	2	3	4	5
14	我喜欢生活在自己不熟悉的文化中。	1	2	3	4	5
15	我相信自己可以适应不同文化中的购物情境。	1	2	3	4	5
16	我根据跨文化交往的需要而改变自己的语言方式(如口音、语调)。	1	2	3	4	5
17	我有选择地使用停顿和沉默以适应不同的跨文化交往情境。	1	2	3	4	5
18	我根据跨文化交往的情境需要而改变自己的语速。	1	2	3	4	5
19	我根据跨文化交往的情境需要而改变自己的非语言行为(如手势、头部动作、站位的远近)。	1	2	3	4	5
20	我根据跨文化交往的情境需要而改变自己的面部表情。	1	2	3	4	5

文化智力(英文版)

Select the answer that best describes you as you really are, then you can **circle** the number which fits you with ○	strongly disagree	disagree	neither agree nor disagree	agree	strongly agree
1	I am conscious of the cultural knowledge I use when interacting with people with different cultural backgrounds.	1	2	3	4	5

续　表

Select the answer that best describes you as you really are, then you can **circle** the number which fits you with ○	strongly disagree	disagree	neither agree nor disagree	agree	strongly agree
2	I adjust my cultural knowledge as I interact with people from a culture that is unfamiliar to me.	1	2	3	4	5
3	I am conscious of the cultural knowledge I apply to cross-cultural interactions.	1	2	3	4	5
4	I check the accuracy of my cultural knowledge as I interact with people from different cultures.	1	2	3	4	5
5	I know the legal and economic systems of Chinese culture.	1	2	3	4	5
6	I know the rules (e.g., vocabulary, grammar) of Chinese language.	1	2	3	4	5
7	I know the cultural values and religious beliefs of Chinese culture.	1	2	3	4	5
8	I understand the marriage systems of Chinese culture.	1	2	3	4	5
9	I know the arts and crafts of Chinese culture.	1	2	3	4	5
10	I know how to express nonverbal behaviors in Chinese culture.	1	2	3	4	5
11	I enjoy interacting with people from different cultures.	1	2	3	4	5
12	I believe that I can socialize with locals in a culture that is unfamiliar to me.	1	2	3	4	5
13	I am sure I can deal with the stresses of adjusting to a culture that is new to me.	1	2	3	4	5

续 表

Select the answer that best describes you as you really are, then you can **circle** the number which fits you with ○	strongly disagree	disagree	neither agree nor disagree	agree	strongly agree
14	I enjoy living in cultures that are unfamiliar to me.	1	2	3	4	5
15	I believe that I can get accustomed to the shopping conditions in a different culture.	1	2	3	4	5
16	I change my verbal behavior (e.g., accent, tone) when a cross-cultural interaction requires it.	1	2	3	4	5
17	I use pause and silence differently to suit different cross-cultural situations.	1	2	3	4	5
18	I adjust the speed of my speech when a cross-cultural situation requires it.	1	2	3	4	5
19	I change my nonverbal behavior when a cross-cultural situation requires it.	1	2	3	4	5
20	I alter my facial expressions when a cross-cultural interaction requires it.	1	2	3	4	5

跨文化排斥敏感度(中文版)

以下是留学生在另一个国家学习时可能会遇到的情形。有些人会关心这些情形,有些人则不会。想象一下,当你在其他国家学习时,**如碰到以下情形,请选择最符合你感受的数字(从1到5),并在最符合的数字上画○。**	非常不担心	不担心	中立	担心	非常担心
1	在国外留学时,假如你和一些朋友在一个房间里,除了你之外,其他人都是本土学生。有人讲了一个笑话,所有人都在笑。**你会担心因为你是外国人,而听不懂这个笑话吗?**	1	2	3	4	5

续　表

以下是留学生在另一个国家学习时可能会遇到的情形。有些人会关心这些情形,有些人则不会。想象一下,当你在其他国家学习时,如碰到以下情形,请选择最符合你感受的数字(从1到5),并在最符合的数字上画○。	非常不担心	不担心	中立	担心	非常担心
2 假如你在一家快餐店,正在向收银员点菜。你会担心因为你是外国人,收银员可能听不懂你的表达?	1	2	3	4	5
3 假如你去了学生保险办公室,工作人员正在向你解释学生保险单。你会担心因为你是外国人,工作人员可能会不耐烦地跟你说话吗?	1	2	3	4	5
4 假如有一天你所在的课堂上,大多数学生都是本土学生。教授让学生们分组完成课堂作业。你会担心因为你是外国人,而被排除在外吗?	1	2	3	4	5
5 假如有一天你所在的课堂上,大多数学生都是本土学生。教授问了一个特殊的问题,一些学生包括你在内,举手回答这个问题。你会担心因为你是外国人,所以教授不会选你回答问题吗?	1	2	3	4	5
6 假如你和几个本土学生出去喝咖啡,他们正在谈论去哪里喝。你会担心因为你是外国人,你的朋友就会忽视你的意见吗?	1	2	3	4	5
7 假如你在一家餐厅想点菜,正试图引起服务员的注意。其他顾客也试图引起她的注意。你会担心因为你是外国人,服务员不会马上帮你点菜吗?	1	2	3	4	5
8 假如你所在的班级正在进行一次大型的小组讨论。班上大多数都是本土学生。当你在表达意见时,你会担心因为你是外国人,其他人不会倾听吗?	1	2	3	4	5
9 你的室友正在计划一次旅行。他们两天后就要出发,还没有邀请你。你会担心因为你是外国人,所以他们可能不会邀请你吗?	1	2	3	4	5
10 假如你需要打电话给客服,询问话费账单上的费用。你会担心因为你是外国人,客服会粗鲁地对待你吗?	1	2	3	4	5

跨文化排斥敏感度(英文版)

Please imagine yourself in each situation when studying in your host country and select the number that best corresponds to how you would feel with ◯	very uncon-cerned	uncon-cerned	neither agree nor disagree	conce-rned	very concern-ed
1	Imagine that you are in a room with several friends who are native to this country. You just hear a joke from one of them and everyone in the room is laughing. **How concerned/ anxious would you be that you might not understand the joke because you are a foreigner?**	1	2	3	4	5
2	Imagine that you are at a fast food restaurant and you are placing the order with the cashier. **How concerned / anxious would you be cashier might not understand your order because you are a foreigner?**	1	2	3	4	5
3	Imagine that you are going to a student insurance office. The receptionist is trying to explain the student insurance policies to you. **How concerned/ anxious would you be that the receptionist might act impatient with you because you are a foreigner?**	1	2	3	4	5
4	Imagine that you are in a class one day where the majority of the students are native speakers. The professor asks students to form groups for class projects. **How concerned/ anxious would you be that you might be left out because you are a foreigner?**	1	2	3	4	5

续　表

Please imagine yourself in each situation when studying in your host country and select the number that best corresponds to how you would feel with ◯	very uncon-cerned	uncon-cerned	neither agree nor disagree	conce-rned	very concern-ed
5	Imagine that you are in a class one day where the majority of the students are native speakers. The professor asks a question. A few students, including yourself, raise their hands to answer. **How concerned/anxious would you be that the professor might not choose you because you are a foreigner?**	1	2	3	4	5
6	Imagine that you are going out for coffee with several friends who are native to this country. Your friends are having a conversation on where to go. **How concerned/anxious would you be that your friends might ignore your ideas because you are a foreigner?**	1	2	3	4	5
7	Imagine that you are dining in a restaurant, trying to get the attention of the waitress to place your order. Other customers are trying to get her attention as well. **How concerned/anxious would you be that she might not attend to you right away because you are a foreigner?**	1	2	3	4	5
8	Imagine that a class that you are in is having a large group discussion. Most of your classmates are native speakers. **How concerned/anxious would you be that others might not listen to you while you are expressing your opinion because you are a foreigner?**	1	2	3	4	5

续　表

Please imagine yourself in each situation when studying in your host country and select the number that best corresponds to how you would feel with ○		very uncon-cerned	uncon-cerned	neither agree nor disagree	conce-rned	very concern-ed
9	Imagine that students in your dormitory are planning a trip. They would be leaving in two days and have not invited you yet. **How concerned/ anxious would you be that you might not be invited because you are a foreigner?**	1	2	3	4	5
10	Imagine that you need to call the customer service about some charges on your cellular phone bill. **How concerned/ anxious would you be that the customer service representative might be rude to you because you are a foreigner?**	1	2	3	4	5

文化距离(中文版)

	思考一下你的祖国和中国在以下内容上的相似程度。选择最符合你真实情况的答案,并在最符合的数字上画○。	非常相似	相似	中立	不同	非常不同
1	必须遵守的日常习俗	1	2	3	4	5
2	整体生活条件	1	2	3	4	5
3	使用的医疗设施	1	2	3	4	5
4	使用的交通运输系统	1	2	3	4	5
5	整体生活开支	1	2	3	4	5
6	食物的质量和种类	1	2	3	4	5
7	气候	1	2	3	4	5
8	整体居住条件	1	2	3	4	5

文化距离(英文版)

You are to indicate on a scale **how similar or different the following are compared with your nation. The higher the point, the more is the difference.** Then you can **circle** the number which fits you with ○	extreme similarity	simila-rity	can't say	differ-ence	extreme difference
1	Everyday routine that must be followed	1	2	3	4	5
2	General living conditions	1	2	3	4	5
3	Using health care facilities	1	2	3	4	5
4	Transportation systems used in the country	1	2	3	4	5
5	General living costs	1	2	3	4	5
6	Available quality and types of foods	1	2	3	4	5
7	Climate	1	2	3	4	5
8	General housing conditions	1	2	3	4	5

双文化认同整合(中文版)

作为留学生,会同时感受到母国文化和当前所处的中国文化。请仔细阅读下面的每个陈述,**并在最符合的数字上画○。**	完全不同意	部分不同意	中立	部分同意	非常同意
1	我仅仅只是一个当前生活在中国的外国人	1	2	3	4	5
2	我把母国文化和中国文化分得很清楚	1	2	3	4	5
3	我感觉自己同时拥有母国文化和中国文化	1	2	3	4	5
4	我感觉自己是这两种文化结合的一分子	1	2	3	4	5
5	我感觉这两种文化的做事方式是相互冲突的	1	2	3	4	5
6	我感觉自己在母国文化和中国文化间自由切换	1	2	3	4	5

续　表

作为留学生,会同时感受到母国文化和当前所处的中国文化。请仔细阅读下面的每个陈述,**并在最符合的数字上画○。**		完全不同意	部分不同意	中立	部分同意	非常同意
7	我感觉自己夹在母国文化和中国文化中间左右为难	1	2	3	4	5
8	我并不感到自己被困在母国文化和中国文化之间	1	2	3	4	5

双文化认同整合(英文版)

As a foreign student, you feel both the culture of your home country and Chinese culture. Please read each statement carefully and **circle the number that fits the best** with ○		strongly disagree	disagree	Neither agree nor disagree	agree	strongly agree
1	I am simply a foreigner who lives in China.	1	2	3	4	5
2	I keep Chinese and my country's cultures separated.	1	2	3	4	5
3	I feel like I belong to two cultures at the same time.	1	2	3	4	5
4	I feel like I'm the combination of both cultures.	1	2	3	4	5
5	I am conflicted between Chinese and my country's ways of doing things.	1	2	3	4	5
6	I feel like I'm moving between Chinese and my country's cultures.	1	2	3	4	5
7	I feel caught between Chinese and my country's cultures.	1	2	3	4	5
8	I do not feel trapped between Chinese and my country's cultures.	1	2	3	4	5

附录二
访谈提纲

  ＊＊同学,你好! 为了更好地了解留学生在大学的学习和生活状况,研究来华留学生对中国及中国文化的认识情况,改善留学生管理及服务,我们想知道你在中国学习、生活的一些感受与看法。访谈的内容仅供内部参考及科学研究,你的个人信息将会严格保密。

  访谈时间为 40 分钟左右,所有问题都没有对错之分,只需要根据实际情况回答即可。

第一部分: 语言学习

外文项目学生:

1. 你有没有尝试过系统地学习汉语?

*(学过)*你现在的汉语水平怎么样? 有没有参加过 HSK 考试? 你学习汉语的原因和动力是什么呢? 你会不会经常尝试着用汉语与其他人交流呢?

*(没学过)*在中国学习有很好的学习汉语的机会,为什么没有尝试学习汉语呢? 不会汉语是否影响了你在中国的生活?

2. 如果学校开设适合你现在汉语水平的汉语学习课程,你愿意花时间学习吗? 每周大约愿意花多少时间学习汉语呢?

中文项目学生:

1. 你学习汉语多久了? 学习汉语的原因和动力是什么呢? 你通过哪些

方式学习汉语呢(课堂/课外活动/看中国电视或电影/网上学习中文慕课/请一对一中文家教等)?

2. 你会不会经常尝试着用汉语与其他人交流呢? 如果学校开设适合你现在汉语水平的汉语学习课程,你愿意花时间学习吗? 每周大约花多少时间学习汉语呢?

第二部分: 人际关系

1. 你平时与留学生接触较多还是与中国人接触比较多呢? 有没有关系比较好的中国朋友? 他/她是你的同班同学、你的老师、你的室友或是其他人? 你经常与中国朋友一起做哪些事情呢?

2. 当你遇到困难或问题时,你通常向谁求助呢? 中国人是否曾经在学业、生活等方面帮助过你? 或者经常帮助你? 你的问题一般能得到解决吗?

3. *(混班上课学生)*课程小组作业时,你通常与留学生一组,还是加入中国同学的小组呢?

4. 你在校内外遇到的中国人对你友好吗?(可以举几个例子,如向陌生人问路、买东西时服务员的态度、外出旅游时碰到的导游或司机、地铁上遇到的乘客)。在中国留学一段时间之后,你觉得周围的大多数中国同学给你留下的印象是什么呢?

第三部分: 文化冲突与文化适应

1. 你现在习惯/适应中国的生活吗? 刚来中国的时候适应吗?

*(适应)*能说说这个适应的过程吗?

*(不适应)*有什么不习惯的地方吗?/哪些地方让你感到不习惯呢?

2. 来中国留学后,是否有过失望、失落、困惑、无助或无奈等情绪?/你在做哪些方面的事情时,会遇到比较大的障碍? 能跟我们讲讲具体的原因吗? 你一般是怎么解决或者缓解这些问题的?

第四部分: 课程、课堂与教师评价

1. 你觉得学校的课程设置合理吗? 你对学校的课程设置有没有什么意

见或建议？有没有对你来说比较难的课程？

2. 你对给你上课的老师们印象怎么样？对任课老师们有什么建议吗？有没有哪位老师给你留下深刻的印象？

3. 如果有上课时没有听懂的问题，或者课后学业中遇到问题，你一般会怎么做呢？

第五部分：对中国的了解与认识

1. 在中国的这几年里，去过哪些地方？印象最深刻的地方是哪里？有没有哪个地方给你留下的印象不太好？能说出几个中国的著名城市或名胜古迹吗？

2. 你目前经常使用的社交软件/App 有哪些？

3. 来中国前后对中国的认识有什么变化？或者说刚来中国的时候与现在相比，对中国的认识有什么变化？

4. 现在提到中国，你最先想到的是什么呢？

5. 你对中国的认识和了解，大多来源于哪里呢？（课堂、与中国朋友聊天、读书、看电视等）

6. 提到中国文化，你会想到些什么呢？有没有学习过书法、中国画、太极拳这一类中国传统文化或者修读过中国文化相关的课程？

第六部分：双文化认同整合与文化传播

1. 你觉得自己可以接受中国的法律制度、学校的规章制度及行为规范吗？有没有什么规定你觉得不合理，甚至给你的生活/学习造成了麻烦？

2. 来华留学一段时间后，你对于中国和中国人有什么样的感觉/有什么样的评价呢？

3. 你毕业之后有什么打算呢？

(会留下来) 选择留在中国的原因是什么呢？

(不会留下来) 离开中国以后是否愿意以及如何保持与中国的联系？

4. 你在中国留学期间，最大的收获是什么？最深刻的感受是什么？

5. 假期回国时或毕业回国后，你会不会同亲友讲述你在中国的生活呢？

一般会与他们说些什么呢？你会怎么向他们介绍中国呢？

第七部分：基本情况

1. 你来中国多长时间了？当时是为什么来到中国的呢？
2. 你是否有家人也在中国生活呢？

开放性问题：

关于你的在华学习及生活，你还有什么想告诉我们的吗？

参考文献

［1］蔡好荻.汉区高校少数民族大学生主流文化适应现状调查：感知文化距离中介效应分析［J］.教育学术月刊，2018(3)：82-88.

［2］陈慧.留学生中国社会文化适应性的社会心理研究［J］.北京师范大学学报(社会科学版)，2003(6)：135-142.

［3］陈向明.旅居者和"外国人"留美中国学生跨文化人际交往研究［M］.长沙：湖南教育出版社，1998：1.

［4］单波，王金礼.跨文化传播的文化伦理［J］.新闻与传播研究，2005，12(1)：36-42,95.

［5］丁笑炯.高校来华留学生支持服务满意度调查与思考：基于上海高校的数据［J］.高校教育管理，2018，12(1)：115-124.

［6］董莉，李庆安，林崇德.心理学视野中的文化认同［J］.北京师范大学学报(社会科学版)，2014(1)：68-75.

［7］杜静，王江海，常海洋.究竟是什么影响了导学关系：我国博士生导学关系影响因素调查研究［J］.教育学术月刊，2022(1)：43-50.

［8］费孝通."美美与共"和人类文明(下)［J］.群言，2005(2)：13-16.

［9］哈嘉莹.来华留学生与中国国家形象的自我构建［J］.山东社会科学，2010(11)：152-157.

［10］哈巍，陈东阳.挑战与转型：来华留学教育发展模式转变探究［J］.中国高教研究，2018(12)：59-64.

［11］胡哲.来华留学生再建构社会网络与跨文化适应研究［D］.北京：中国青年政治学院，2012：36-37.

［12］江新，赵果.初级阶段外国留学生汉字学习策略的调查研究［J］.语言教学与研究，2001(4)：10-17.

［13］匡文波，武晓立.跨文化视角下在华留学生微信使用行为分析：基于文化适应理论的实证研究［J］.武汉大学学报(哲学社会科学版)，2019，72(3)：115-126.

［14］李加莉.文化适应研究的价值及问题：一种批评的视角［D］.武汉：武汉大学，2013：2.

［15］李晓艳，周二华，姚姝慧.在华留学生文化智力对其跨文化适应的影响研究［J］.管

理学报,2012,9(12):1779-1785.

[16] 李彦光. 来华留学生教育管理制度的问题与建议[D]. 长春：东北师范大学,2011:
8-9.

[17] 林南,俞弘强. 社会网络与地位获得[J]. 马克思主义与现实,2003(2):46-59.

[18] 刘宝存,彭婵娟. 中华人民共和国成立以来我国来华留学政策的变迁研究：基于历史制度主义视角的分析[J]. 高校教育管理,2019,13(6):1-10.

[19] 刘复兴. 教育政策价值分析的三维模式[J]. 教育研究,2002,23(4):15-19,73.

[20] 刘进. "一带一路"背景下如何提升来华留学生招生质量：奖学金视角[J]. 高校教育管理,2020,14(1):29-39.

[21] 刘义兵,吴桐. 新发展格局下的西部高校国际化：价值、问题与发展向度[J]. 现代教育管理,2021(11):1-10.

[22] 麻超,曲美艳,王瑞. 互动仪式链理论视角下高校研究生导学关系的审视与构建[J]. 研究生教育研究,2021(6):29-34.

[23] 马焕灵. 导生关系转型：传统、裂变与重塑[J]. 国家教育行政学院学报,2019(9):17-22.

[24] 马佳妮. 来华留学生就读感知形成路径及积极感知提升策略[J]. 中国高教研究,2017(2):37-41.

[25] 马佳妮. 留学中国：来华留学生就读经验的质性研究[M]. 北京：社会科学文献出版社,2020:228.

[26] 马志霞. 新时代中国价值观国际传播的逻辑思考[J]. 思想理论教育,2019(1):52-56.

[27] 皮埃尔·布迪厄,华康德. 实践与反思：反思社会学导引[M]. 李猛,李康,译,北京：中央编译出版社,1998:117.

[28] 孙进. 文化适应问题研究：西方的理论与模型[J]. 北京师范大学学报(社会科学版),2010(5):45-52.

[29] 谭旭虎. 来华留学生跨文化教育中的问题及其对策[J]. 高等教育研究,2020,41(1):37-43.

[30] 唐宁玉,洪媛媛. 文化智力：跨文化适应能力的新指标[J]. 中国人力资源开发,2005(12):11-14,22.

[31] 唐宁玉,郑兴山,张静抒,等. 文化智力的构思和准则关联效度研究[J]. 心理科学,2010,33(2):485-489.

[32] 王进,李强,魏晓薇. "多元文化认同整合"视角下的心理咨询议题(综述)[J]. 中国心理卫生杂志,2019,33(11):829-832.

[33] 魏浩,赖德胜. 文化因素影响国际留学生跨国流动的实证研究：兼论中国扩大来华留学生教育规模的战略[J]. 教育研究,2017,38(7):55-67.

[34] 文雯,刘金青,胡蝶,等. 来华留学生跨文化适应及其影响因素的实证研究[J]. 复旦教育论坛,2014,12(5):50-57.

[35] 武朝明. 论青少年同辈群体压力的引导[J]. 学校党建与思想教育,2009(24):89-90.

[36] 习近平.决胜全面建成小康社会夺取新时代中国特色社会主义伟大胜利：在中国共产党第十九次全国代表大会上的报告[M].北京：人民出版社,2017：26.

[37] 徐虹.国际留学生社会网络研究的维度[J].贵州社会科学,2016(3)：115-119.

[38] 许力生,孙淑女.跨文化能力递进：交互培养模式构建[J].浙江大学学报(人文社会科学版),2013,43(4)：113-121.

[39] 杨安琪.来华留学生跨文化适应影响因素研究[J].文化创新比较研究,2019,3(8)：169-174.

[40] 杨晓莉,刘力,张笑笑.双文化个体的文化框架转换：影响因素与结果[J].心理科学进展,2010,18(5)：840-848.

[41] 杨晓莉,闫红丽,刘力.双文化认同整合与心理适应的关系：辩证性自我的中介作用[J].心理科学,2015,38(6)：1475-1481.

[42] 叶宝娟,方小婷.文化智力对少数民族预科生主观幸福感的影响：双文化认同整合和文化适应压力的链式中介作用[J].心理科学,2017,40(4)：892-897.

[43] 余伟,郑钢.跨文化心理学中的文化适应研究[J].心理科学进展,2005,13(6)：836-846.

[44] 张萌,李若兰.大学生专业认同对学习投入的影响研究：学校归属感的中介作用[J].黑龙江高教研究,2018(3)：94-99.

[45] 周爱保,侯玲.双文化认同整合的概念、过程、测量及其影响[J].西南民族大学学报(人文社会科学版),2016,37(5)：207-212.

[46] 周浩,龙立荣.共同方法偏差的统计检验与控制方法[J].心理科学进展,2004,12(6)：942-950.

[47] 周晓虹.认同理论：社会学与心理学的分析路径[J].社会科学,2008(4)：46-53,187.

[48] 朱国辉.高校来华留学生跨文化适应问题研究[D].上海：华东师范大学,2011：17.

[49] 朱佳妮,姚君喜.外籍留学生对"中国文化"认知、态度和评价的实证研究[J].当代传播,2019(1)：56-60,65.

[50] 朱文,张浒.我国高等教育国际化政策变迁述评[J].高校教育管理,2017,11(2)：116-125.

[51] ANG S, VAN DYNE L. Conceptualization of cultural intelligence：definition, distinctiveness, and nomological network[M]//ANG S, VAN DYNE L. Handbook of cultural intelligence：theory, measurement and applications. New York：ME Sharpe, Armonk, 2008：3-15.

[52] ANG S, DYNE L V, KOH C, et al. Cultural intelligence：its measurement and effects on cultural judgment and decision making, cultural adaptation and task performance[J]. Management and Organization Review, 2007, 3(3)：335-371.

[53] ARENDS-TÓTH J, VAN DE VIJVER F J. Domains and dimensions in acculturation：implicit theories of Turkish-Dutch[J]. International Journal of Intercultural Relations, 2004, 28(1)：19-35.

[54] AYDUK Ö, GYURAK A, LUERSSEN A. Individual differences in the rejection-aggression link in the hot sauce paradigm: the case of rejection sensitivity[J]. Journal of Experimental Social Psychology, 2008, 44 (3): 775 - 782.

[55] BABIKER I E, COX J L, MILLER P. The measurement of cultural distance and its relationship to medical consultations, symptomatology and examination performance of overseas students at Edinburgh university[J]. Social Psychiatry, 1980, 15(3): 109 - 116.

[56] BARDI A, GUERRA V M, RAMDENY G. Openness and ambiguity intolerance: their differential relations to well-being in the context of an academic life transition[J]. Personality and Individual Differences, 2009, 47(3): 219 - 223.

[57] BARRATT M F, HUBA M E. Factors related to international undergraduate student adjustment in an American community[J]. College Student Journal, 1994, 28(4): 422 - 436.

[58] HUYNH Q L, NGUYEN A M T D, BENET-MARTÍNEZ V. Bicultural identity integration[M] // SCHWARTZ S J, LUYCKX K, VIGNOLES V L. Handbook of identity theory and research. New York: Springer, 2011: 827 - 842.

[59] BENET-MARTÍNEZ V, LEE F, LEU J. Biculturalism and cognitive complexity: expertise in cultural representations[J]. Journal of Cross - Cultural Psychology, 2006, 37(4): 386 - 407.

[60] BENET-MARTÍNEZ V, LEU J, LEE F, et al. Negotiating biculturalism: cultural frame switching in biculturals with oppositional versus compatible cultural identities[J]. Journal of Cross-Cultural Psychology, 2002, 33 (5): 492 - 516.

[61] BENET-MARTÍNEZ V, HARITATOS J. Bicultural identity integration (BII): components and psychosocial antecedents[J]. Journal of Personality, 2005, 73 (4): 1015 - 1050.

[62] BEOKU-BETTS J. African women pursuing graduate studies in the sciences: racism, gender bias, and third world marginality[J]. NWSA Journal: 2004, 16 (1): 116 - 135.

[63] BERRY J W. Acculturation and adaptation: a general framework [M] // HOLTZMAN W H, BORNEMANN T H. Mental health of immigrants and refugees. Austin, TX: Hogg Foundation for Mental Health, University of Texas, 1990: 90 - 102.

[64] BERRY J W. Psychology of acculturation: understanding individuals moving between cultures [M] //BRISLIN R W. Applied cross-cultural psychology. California: Sage Publications, Inc, 1990: 232 - 253.

[65] BERRY J W. Immigration, acculturation, and adaptation [J]. Applied

Psychology，1997，46(1)：5-34.

[66] BERRY J W. Conceptual approaches to acculturation[M]//CHUN K M，ORGANISTA B P，MARÍN G. Acculturation：advances in theory，measurement，and applied research. Washington，DC：American Psychological Association，2003：17-37.

[67] BERRY J W. Acculturation：living successfully in two cultures[J]. International Journal of Intercultural Relations，2005，29(6)：697-712.

[68] BERRY J W，PHINNEY J S，SAM D L，et al. Immigrant youth：acculturation，identity，and adaptation[J]. Applied Psychology，2006，55(3)：303-332.

[69] BLACK J S，STEPHENS G K. The influence of the spouse on American expatriate adjustment and intent to stay in pacific rim overseas assignments[J]. Journal of Management，1989，15(4)：529-544.

[70] BOCHNER S，HUTNIK N，FURNHAM A. The friendship patterns of overseas and host students in an Oxford student residence[J]. The Journal of Social Psychology，1985，125(6)：689-694.

[71] BOURHIS R Y，MOISE L C，PERREAULT S，et al. Towards an interactive acculturation model：a social psychological approach[J]. International Journal of Psychology，1997，32(6)：369-386.

[72] BUCHANAN F R. Higher education in emerging markets：a comparative commentary[J]. Development and Learning in Organizations，2014，28(1)：12-15.

[73] CHAN W，MENDOZA-DENTON R. Status-based rejection sensitivity among Asian Americans：implications for psychological distress[J]. Journal of Personality，2008，76(5)：1317-1346.

[74] CHAO M M，TAKEUCHI R，FARH J L. Enhancing cultural intelligence：the roles of implicit culture beliefs and adjustment[J]. Personnel Psychology，2017，70(1)：257-292.

[75] CHEN S X，BENET-MARTÍNEZ V，HARRIS BOND M. Bicultural identity，bilingualism，and psychological adjustment in multicultural societies：immigration-based and globalization-based acculturation[J]. Journal of Personality，2008，76(4)：803-838.

[76] CHENG C-Y，LEE F，BENET-MARTÍNEZ V，et al. Variations in multicultural experience：influence of Bicultural Identity Integration on socio-cognitive processes and outcome[M]//BENET-MARTÍNEZ V，HONG Y Y. The Oxford handbook of multicultural identity. New York：Oxford University Press，2014：276-299.

[77] CHENG C-Y，SANCHEZ-BURKS J，LEE F. Connecting the dots within：creative performance and identity integration[J]. Psychological Science，2008，19(11)：1178-1184.

[78] CHUA R Y, MORRIS M W, MOR S. Collaborating across cultures: cultural metacognition and affect-based trust in creative collaboration[J]. Organizational Behavior and Human Decision Processes, 2012, 118(2): 116 - 131.

[79] COMĂNARU R S, NOELS K A, DEWAELE J M. Bicultural identity orientation of immigrants to Canada[J]. Journal of Multilingual and Multicultural Development, 2018, 39(6): 526 - 541.

[80] DOWNIE M, KOESTNER R, ELGELEDI S, et al. The impact of cultural internalization and integration on well-being among tricultural individuals[J]. Personality and Social Psychology Bulletin, 2004, 30(3): 305 - 314.

[81] EARLEY P C, ANG S. Cultural intelligence: individual interactions across cultures[M]. Stanford, California: Stanford University Press, 2003.

[82] ENGBERG M E. Educating the workforce for the 21st century: a cross-disciplinary analysis of the impact of the undergraduate experience on students' development of a pluralistic orientation[J]. Research in Higher Education, 2007, 48(3): 283 - 317.

[83] EREZ M, LISAK A, HARUSH R, et al. Going global: developing management students' cultural intelligence and global identity in culturally diverse virtual teams[J]. Academy of Management Learning & Education, 2013, 12(3): 330 - 355.

[84] FIRAT M, NOELS K A. Perceived discrimination and psychological distress among immigrants to Canada: the mediating role of bicultural identity orientations[J]. Group Processes & Intergroup Relations, 2022, 25(4): 941 - 963.

[85] FLANNERY W P, REISE S P, YU J. An empirical comparison of acculturation models[J]. Personality & Social Psychology Bulletin, 2001, 27(8): 1035 - 1045.

[86] FURNHAM A, BOCHNER S. Social difficulty in a foreign culture: an empirical analysis of culture shock[J]. Cultures in Contact: Studies in Cross-cultural Interaction, 1982(1): 161 - 198.

[87] GALCHENKO I, VAN DE VIJVER F J. The role of perceived cultural distance in the acculturation of exchange students in Russia[J]. International Journal of Intercultural Relations, 2007, 31(2): 181 - 197.

[88] DEMES K A, GEERAERT N. Measures matter: scales for adaptation, cultural distance, and acculturation orientation revisited[J]. Journal of Cross-Cultural Psychology, 2014, 45(1): 91 - 109.

[89] GORDON M M. Assimilation in American life: the role of race, religion, and national origins[M]. New York: Oxford University Press, 1964.

[90] HARITATOS J, BENET-MARTÍNEZ V. Bicultural identities: the interface of cultural, personality, and socio-cognitive processes[J]. Journal of Research in Personality, 2002, 36(6): 598 - 606.

[91] HOGG M A, WHITE T K M. A tale of two theories: a critical comparison of

identity theory with social identity theory[J]. Social Psychology Quarterly，1995，
58(4)：255－269.

[92] HONG Y Y，MALLORIE L. A dynamic constructivist approach to culture：
lessons learned from personality psychology [J]. Journal of Research in
Personality，2004，38(1)：59－67.

[93] HONG Y Y，MORRIS M W，CHIU C Y，et al. Multicultural minds：a
dynamic constructivist approach to culture and cognition [J]. American
Psychologist，2000，55(7)：709－720.

[94] HURTADO S. The next generation of diversity and intergroup relations research
[J]. Journal of Social Issues，2005，61(3)：595－610.

[95] HUYNH Q L. Variations in biculturalism：measurement，validity，mental and
physical health correlates，and group differences[D]. California：University of
California，Riverside，2009.

[96] HUYNH Q L，NGUYEN A-M D，BENET-MARTÍNEZ V. Bicultural identity
integration[M]//SCHWARTZ S，LUYCKX K，VIGNOLES V. Handbook of
identity theory and research. New York：Springer，2011：827－842.

[97] ISLAM M R，HEWSTONE M. Dimensions of contact as predictors of intergroup
anxiety，perceived out-group variability，and out-group attitude：an integrative
model[J]. Personality and Social Psychology Bulletin，1993，19(6)：700－710.

[98] KANG S M. Measurement of acculturation，scale formats，and language
competence：their implications for adjustment [J]. Journal of Cross-Cultural
Psychology，2006，37(6)：669－693.

[99] KROEBER A L，KLUCKHOHN C. Culture：a critical review of concepts and
definitions[M].Cambridge，Massachusetts：The Museum,1952.

[100] LAFROMBOISE T，COLEMAN H L K，GERTON J. Psychological impact of
biculturalism：evidence and theory[J]. Psychological Bulletin，1993，114(3)：
395－412.

[101] LEE J J，RICE C. Welcome to America? International student perceptions of
discrimination[J]. Higher Education，2007，53(3)：381－409.

[102] LOU N M，LI L. Interpersonal relationship mindsets and rejection sensitivity
across cultures：the role of relational mobility[J]. Personality and Individual
Differences，2017，108：200－206.

[103] LYSGAAND S. Adjustment in a foreign society：Norwegian fulbright grantees
visiting the United States[J]. International Social Science Bulletin，1955(7)：
45－51.

[104] MIRAMONTEZ D R，BENET-MARTNEZ V，NGUYEN A M D. Bicultural
identity and self /group personality perceptions[J]. Self and Identity，2008，7
(4)：430－445.

[105] MOK A，MORRIS M W. Asian-Americans' creative styles in Asian and

American situations: assimilative and contrastive responses as a function of bicultural identity integration[J]. Management and Organization Review, 2010, 6(3): 371 – 390.

[106] MOK A, MORRIS M W. An upside to bicultural identity conflict: resisting groupthink in cultural ingroups[J]. Journal of Experimental Social Psychology, 2010, 46(6): 1114 – 1117.

[107] MOK A, MORRIS M W, BENET-MARTÍNEZ V, et al. Embracing American culture: structures of social identity and social networks among first-generation biculturals[J]. Journal of Cross-Cultural Psychology, 2007, 38(5): 629 – 635.

[108] NAGEL J. Constructing ethnicity: creating and recreating ethnic identity and culture[J]. Social Problems, 1994, 41(1): 152 – 176.

[109] NGUYEN H H, VON EYE A. The acculturation scale for Vietnamese adolescents (ASVA): a bidimensional perspective[J]. International Journal of Behavioral Development, 2002, 26(3): 202 – 213.

[110] OBERG K. Cultural shock: adjustment to new cultural environments [J]. Practical Anthropology, 1960, (4): 177 – 182.

[111] OXFORD R, NYIKOS M. Variables affecting choice of language learning strategies by university students[J]. The Modern Language Journal, 1989, 73 (3): 291 – 300.

[112] PETTIGREW T F. Intergroup contact theory [J]. Annual Review of Psychology, 1998, 49(1): 65 – 85.

[113] RAHMAN H A. Bicultural identity integration and individual resilience as moderators of acculturation stress and psychological wellbeing of Asian bicultural immigrants[D]. Kalamazoo: Western Michigan University, 2017.

[114] REDFIELD R, LINTON R, HERSKOVITS M J. Memorandum for the study of acculturation[J]. American Anthropologist, 1936, 38(1): 149 – 152.

[115] RODRIGUEZ L, SCHWARTZ S J, KRAUSS WHITBOURNE S. American identity revisited: the relation between national, ethnic, and personal identity in a multiethnic sample of emerging adults[J]. Journal of Adolescent Research, 2010, 25(2): 324 – 349.

[116] ROMERO-CANYAS R, DOWNEY G, REDDY K S, et al. Paying to belong: when does rejection trigger ingratiation? [J]. Journal of Personality and Social Psychology, 2010, 99(5): 802 – 823.

[117] ROSE-REDWOOD C R. The challenge of fostering cross-cultural interactions: a case study of international graduate students' perceptions of diversity initiatives[J]. College Student Journal, 2010, 44(2): 389 – 399.

[118] RUDMIN F W. Critical history of the acculturation psychology of assimilation, separation, integration, and marginalization [J]. Review of General Psychology, 2003, 7(1): 3 – 37.

[119] RUDMIN F W. Steps towards the renovation of acculturation research paradigms: what scientists' personal experiences of migration might tell science [J]. Culture & Psychology, 2010, 16(3): 299 – 312.

[120] RYDER A G, ALDEN L E, PAULHUS D L. Is acculturation unidimensional or bidimensional? A head-to-head comparison in the prediction of personality, self-identity, and adjustment[J]. Journal of Personality and Social Psychology, 2000, 79(1): 49 – 65.

[121] SAFDAR S, LAY C, STRUTHERS W. The process of acculturation and basic goals: testing a multidimensional individual difference acculturation model with Iranian immigrants in Canada[J]. Applied Psychology, 2003, 52 (4): 555 – 579.

[122] SAYEGH L, LASRY J C. Immigrants' adaptation in Canada: assimilation, acculturation, and orthogonal cultural identification[J]. Canadian Psychology/ Psychologie Canadienne, 1993, 34(1): 98 – 109.

[123] SEARLE W, WARD C. The predictions of psychological and socio-cultural adjustment during cross-cultural transitions [J]. International Journal of Intercultural Relations, 1990, 14(4): 449 – 464.

[124] SHU F, MCABEE S T, AYMAN R. The HEXACO personality traits, cultural intelligence, and international student adjustment[J]. Personality & Individual Differences, 2017(106): 21 – 25.

[125] STEPHAN W G, STEPHAN C W, GUDYKUNST W B. Anxiety in intergroup relations: a comparison of anxiety /uncertainty management theory and integrated threat theory[J]. International Journal of Intercultural Relations, 1999, 23(4): 613 – 628.

[126] SUEDFELD P, BLUCK S, LOEWEN L J, et al. Sociopolitical values and integrative complexity of members of student political groups[J]. Canadian Journal of Behavioral Science, 1994, 26(1): 121 – 141.

[127] TAJFEL H, TURNER J. An integrative theory of intergroup conflict[J]. Social Psychology of Intergroup Relations, 1979, (33): 94 – 109.

[128] TYLOR E B. Primitive culture: researches into the development of mythology, philosophy, religion, art and custom [M]. London: Cambridge University Press, 2010.

[129] THAKUR M, HOURIGAN C. International student experience: what it is, what it means and why it matters[J]. Journal of Institutional Research, 2007, 13(1): 42 – 61.

[130] TONG V M. Understanding the acculturation experience of Chinese adolescent students: sociocultural adaptation strategies and a positive bicultural and bilingual identity[J]. Bilingual Research Journal, 2014, 37(1): 83 – 100.

[131] TSAI J L, YING Y W, LEE P A. The meaning of "being Chinese" and "being

American" variation among Chinese American young adults[J]. Journal of Cross-Cultural Psychology, 2000, 31(3): 302 - 332.

[132] TURNER J C, REYNOLDS K J. The social identity perspective in intergroup relations: Theories, themes, and controversies[M]//BROWN R, GAERTNER S L. Blackwell handbook of social psychology: intergroup processes. Oxford: Blackwell publishers Ltd., 2001: 133 - 152.

[133] WARD C, KENNEDY A. The measurement of sociocultural adaptation[J]. International Journal of Intercultural Relations, 1999, 23(4): 659 - 677.

[134] WARD C, NG TSEUNG - WONG C, SZABO A, et al. Hybrid and alternating identity styles as strategies for managing multicultural identities[J]. Journal of Cross - Cultural Psychology, 2018, 49(9): 1402 - 1439.

[135] WARD C, FISCHER R. Personality, cultural intelligence and cross-cultural adaptation[M]//ANG S, VAN DYNE L. Handbook of cultural intelligence: theory, measurement, and applications. New York: Routledge, 2008: 159 - 173.

[136] YEH C J, INOSE M. International students' reported English fluency, social support satisfaction, and social connectedness as predictors of acculturative stress[J]. Counselling Psychology Quarterly, 2003, 16(1): 15 - 28.

[137] YIM I S, CORONA K, GARCIA E R, et al. Perceived stress and cortisol reactivity among immigrants to the United States: the importance of bicultural identity integration[J]. Psychoneuroendocrinology, 2019(107): 201 - 207.

索　引

后　记

　　写这本书的初衷源于全国教育科学规划课题结项的需要。我开始着手准备，研究前人的理论，研究不同流派间的关联与对话，学习各种量表与检验方法，去旁听心理学相关学科的课程和组会，也争取到在组会中介绍我研究内容的机会，收获同行的点评和指导。

　　直到有一天，我开始跟留学生进行深度访谈，当我拿着完整的访谈提纲，面对着眼前灵动的留学生个体，我们开始了对话。这位留学生很善谈，讲了很多超出我准备的提纲的话题，她讲到了自己的成长经历，讲到了自己跨文化适应过程中的种种困难。那一刻，我才猛然地意识到，我所要做的研究，并不是纸面上的文字功夫，而是研究一个个真实的个体以及来华留学生这个庞大的群体。留学生来到中国，会碰到很多因不同文化相互碰撞、融合而产生的新问题。面对这些问题，没有现成的答案，所以我所做的研究有一定的意义。

　　作为一个研究者，在帮助留学生寻找问题答案的过程中，首先要做到的就是把自己完全地敞开，不带有任何偏见，抛开自身对异文化的刻板印象，超越自身文化的局限。这一点说起来容易，做起来难。于是，我不再满足于此前貌似胸有成竹的准备工作，开始一边重新扎入浩如烟海的文献当中如饥似渴地汲取理性思考的养分，一边不断优化访谈提纲和调研问卷。我开始继续跟留学生进行深度访谈。每次访谈我都要求自己放空，全身心地去观察、去感受、去理解不同文化所塑造出来的不同个体，我努力地从他人的角度去感受他国文化，设身处地地通过留学生的眼光去看待周围的事物，尽量感同身受地去理解留学生获得的成功或者面临的挑战，我尽最大的可能做到。但有的时候，我还是会发现我所拥有的有限知识和见解无法深刻理解某些内涵，于是我便一次又一次地在理论研究和文献研究中寻找方向。这个过程反反复复持续了很长时间，我跟留学生的访谈也持续了一个学期。

当我觉得留学生访谈已经饱和的时候，我想看看他人眼中的留学生。在面对选择留学生导师还是留学生辅导员作为访谈对象时，我想，留学生导师一个人可能接触的留学生就 1～2 个，而且更多的是基于学术方面的接触，看到的可能是留学生个体。而留学生辅导员，他们能够接触更广泛的留学生群体，他们会组织各种留学生活动，在工作中能够更全面地了解留学生群体，并且留学生辅导员需要处理留学生的各种需求，包括心理的、情绪的、安全等方面的需求，因此他们对留学生的了解应该会更加立体和深入。于是，我开始了与留学生辅导员的访谈。在访谈的过程中，除了听到了不同留学生的故事，我也能体会到留学生辅导员这个年轻群体所面临的压力和冲击，有时候他们也有无奈和迷失。但是本书的主要研究对象是留学生，因此在本书中没有过多地介绍留学生辅导员的内心世界。

费孝通先生曾说："在对跨文化的研究中，要理解'人'，理解人的生物性、文化性、社会性；人的思想、意识、知识、体验以及个人和群体之间微妙、复杂的辩证关系等等都是至关重要的。"因此，在整个研究过程中，我一直保持着最强烈的共情和共感去体验和观察，同时又尽量保持冷静，尽量客观地去思考和总结。这些体验和思考，对我本身的工作也有很大的益处。我本身在高校从事来华留学生管理工作。通过这项研究，我加深了对留学生心理、情感、思维方式的理解。同时，我与那些曾经以白纸黑字呈现出来的相关理论产生了共鸣。我更加有勇气、有底气去开展相关工作。

这本书的写作缘于全国教育科学规划课题，因此要特别感谢课题组的小伙伴们，他们是韩红蕊、薛璟、刘俭、李芳、朱萍萍、满艺、董梅、蔡毓彬、查芳灵。在课题研究初期，我们一起翻阅文献资料，一起讨论，一起查阅经典，设计了不同版本的调研问卷，他们也协助我开展了一部分访谈，帮忙进行了录音和文字转述的工作。此外，还要特别感谢张新安教授，在课题申报阶段给予我很多方向性的指导，也对我的课题申报书提出了非常细致的修改建议。感谢上海交通大学安泰经济与管理学院田新民副教授、路琳教授，他们向我敞开组织管理系的博士生组会，让我有机会听到组织管理系优秀博士生的研究分享，也有机会让教授和同行们对我的研究提出指导意见。书稿写作过程中，因李芳博士对可视化图谱分析软件的使用非常擅长，所以她协助我完成了若干可视化图谱的调试和分析。上海交通大学心理咨询中心薛璟老师对来华留学生心理有着深入的研究和丰富的咨询经验，与她的多次交流让我对来华留学生心理和双文化认同整合有了更立体的认识。朱佳妮老师、韩瑞霞老师、刘俭老师都是长期从事国际化与跨文化的相关研究，与他们的多次交流，也常让我茅塞顿开。博士生李亭松参与了来华留学生政策及留学生数量的收集和整理工作；博士生 Chang Joanna 以及唐诗毓参与了质性研究编码工作；博士生刘园晨参与了部分文献搜集工作。本书的问卷收集工作也耗费了相当长的时间，在此感谢各高校留学生管理部门老师的协助，在他们的帮助下，我成功地收集到了几百位来华留学生同学的问卷。

这本书的出版还得益于上海交通大学学生工作指导委员会以及教育部高校思想政治工作创新发展中心（上海交通大学），他们定期邀请专家学者开设讲座，让我在研究方法和文献综述的写作上有了全新的感悟。教育部高校思想政治工作创新发展中心（上海交通大学）设立的校内课题也是我申请全国教育科学规划课题的基石。

上海交通大学出版社对该书的出版给予了大力支持，出版社的徐唯老师多次跟我一起探讨书稿的修改。徐老师作为资深编辑给出的修改建议常常令我茅塞顿开，她不仅在全书的结构上提出了宝贵的建议，而且对全书进行了细致的校对和修改。

这本书在未动笔之前，我大抵只是希望完成课题的结项。然而等我开始动笔，客观地观察、投入地思考、切身地感受之后，笔下流淌出来的文字饱含了我的情感和热爱，我开始倾注整块的时间和系统的思考。每当夜深人静，我还在伏案写作，先生总忍不住好奇来问，谁会成为这本书的读者。我知道这本书的研究主题注定不会成为大众畅销书，但是也许某一天，一位留学生或是中国同学抑或是同行研究者，在图书馆的书架上翻到了这本书，其中的某个理论、案例、研究方法或是仅仅一句话让他们觉得茅塞顿开，我都觉得我所做的工作是值得的。在整个写作过程中，最大的收获是我学会并享受思考的过程，有时候甚至能够体验到"心流"的感觉。就像雅斯贝尔斯所说："本真的科学研究工作是一种贵族事业，只有极少数人甘愿寂寞地选择了它。"我很幸运，我在从事着这份"贵族"的事业。